JN062953

改訂新版

基礎から学ぶ

学と製図

西原 一嘉
西原 小百合
森 幸治
宇田 豊

電気書院

まえがき

「基礎から学ぶ図学と製図」を発刊してから7年が経過した．この間，大学の教科書として採用していただき，教員，学生双方から図学と製図の基礎が要領よくまとめられていてかつ大変わかりやすいとの好評をいただいてきた．また日本設計工学会より「優秀出版文献賞」の表彰を受けるなど，学会としても高く評価されてきた．

昨年，企業倫理への対応からJISの日本語表記が「日本工業規格」から「日本産業規格」に変わり，国際規格との整合性の観点からJIS機械製図が大幅に改訂された（JIS B 0001：2019）．これを機に「基礎から学ぶ図学と製図」の見直しを行ったところ，内容にいくつかのミスプリや説明不足の箇所が見受けられ，さらに最新JIS用語とのずれ，「ネジ，歯車」等の記述の不足を感じた．そこで，「基礎から学ぶ図学と製図」の骨格を残し，ミスプリの訂正，ネジ製図，歯車製図等大幅な加筆増強，学生の間違いやすかった演習問題を追加することによって「改訂新版　基礎から学ぶ図学と製図」を発刊する運びとなった．

本書の特色をまとめると以下のとおりである．
(1) 機械製図との関連をつけるため，図学は第3角法を採用した．
(2) 説明には必ず立体図を併用して，空間認識能力の育成に努めた．
(3) 解法はステップに分けて順序立てて丁寧な説明を加える従来の方式を踏襲した．
(4) 自習可能なように，適切な問題を選び，それぞれにはすべて解答を加えた．
(5) 製図関係のいくつかの資格試験を紹介し，すべてに解答を加えた．
本書の使い方は以下のとおりである．
(1) 問題は少し小さく，そのままでは見にくいので，適宜拡大して用いてほしい．
(2) 手書きであれ，CADであれ，問題は一つ一つ自分で考えながら解いてほしい．

図は創造の源泉である．図によって思考が磨かれ，図によってモノが創られ，図によって情報が伝達されていく．図形の基礎を学ぶ高校生から，図学や製図を学ぶ高専生，大学生，CAD利用技術者試験，機械設計技術者試験，技能検定試験等の各種資格を目指す受験生や，公務員試験を目指す社会人の方々が本書をご利用いただき，図学および製図の基礎を習得し，技術立国を支える高度技術者に成長していただければ，幸である．

最後に，本書を執筆するにあたり，多くの書物を参考にさせていただいた．これらの書物の著者に対し謝意を表する．また，本書の刊行にあたり，ご尽力をいただいた株式会社電気書院編集部の近藤知之氏に厚くお礼申し上げる次第である．

2020年3月　著者ら記す

目　　次

第5章 演習問題

第6章 資格試験出題例

第 1 章 平面図形

本章では，定規とコンパスを用いた作図法（作図問題）について，正確な解法とともに近似的ではあるが，かなり精度のよい解法についても説明する．なお大抵の作図問題はコンピューター（CAD）を用いて解けるが，CAD では解けない問題もあり，そのときには本章の考え方が威力を発揮する．

1・1　基本図形

1・1・1　角の2等分（図1.1）

角の辺を等長で切り，それぞれの点を中心として等半径の円弧を描き，その交点と角の頂点を結ぶ．

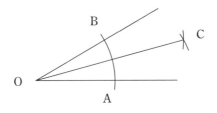

図1.1　角の2等分

1・1・2　直角の3等分（図1.2）

頂点 O を中心に任意の円弧を描き，直角の2辺との交点 A と B を中心とする半径 AO の円弧を描く．O を中心とする円弧との交点 C，D を定めれば OC，OD は直角を3等分する．

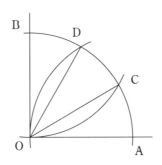

図1.2　直角の3等分

1・1・3　線分の垂直 2 等分（図 1.3）

　線分 AB の両端を中心とする等半径の円弧の交点を結ぶ.

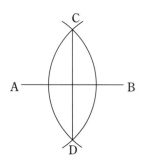

図 1.3　線分の垂直 2 等分

1・1・4　直線への垂線

①　直線上の点 P から直線に垂線を立てる（図 1.4）

②　直線外の点 P から直線 AB に垂線を下ろす（図 1.5）

　点 P から等しい距離の点 S，T を直線上にとり，S，T を中心に同じ半径の円弧を描き，その交点 U と P を結ぶ.

③　直線外の点 P から直線 AB に垂線を下ろす（図 1.6）

　P から斜めの線を引き直線 AB との交点を Q とする. PQ を直径とする円を描く. この円と直線 AB の交点 R が P から下した直線 AB への垂線である.

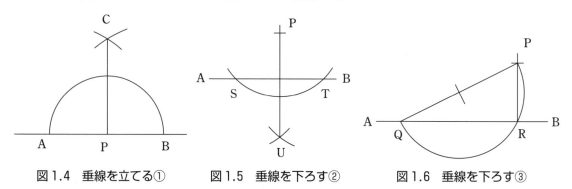

図 1.4　垂線を立てる①　　　図 1.5　垂線を下ろす②　　　図 1.6　垂線を下ろす③

1・1・5　平行線（点 P を通り直線 AB に平行な直線）（図 1.7）

　直線 AB 上に点 Q をとり Q を中心に QP の半径で直線 AB を点 R で切る. P を中心に同半径の弧を描き，その上に QS＝PR の点 S をとれば，PS は AB に平行である.

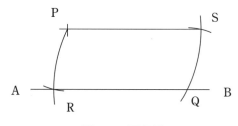

図 1.7　平行線

1・1・6　線分のn等分（図1.8）

　線分 AB の一端 A から任意の角度（30°くらい）で直線を引き，その上にコンパスを利用してn個の等間隔の点をとり，最後の点を C とする．最後の点 C と B 端を結ぶ．各等分点から CB に平行線を引き，線分 AB との交点を求めれば，線分はn等分される．

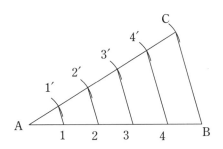

図1.8　直線のn等分（n＝5の場合）

1・1・7　角のn等分（近似的方法）（図1.9）

　∠AOB の頂点 O を中心とする半円を描き，1辺 OA の逆方向延長との交点を C とする．次に A と C を中心に，半径 AC の円弧を描き，B の逆方向の交点 D を定める．D と B を結び，AC との交点を E とする．AE をn等分（図では5等分）し，その等分点1，2，……と D とを結ぶ直線が最初の O を中心とする半円と交わる点 1′，2′……を定めると，O1′，O2′……が ∠AOB のn等分線となる．

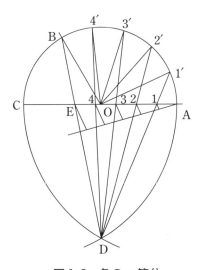

図1.9　角のn等分

1・1・8　円弧 AB の長さを求める法（近似的方法）

(a)　（近似法その1　ランキン氏法）（図1.10）

　円弧 AB の中心を O とし，AC＝CB＝BD なる D を求める．∠EBO＝90°になるように接線 BE を引く．中心を D，半径 DA とする円弧 AE を描く．円弧 AE と接線 BE との交点 E を求める．近似的に BE は求める長さである．

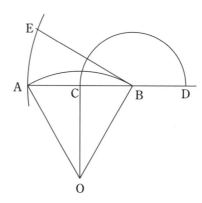

図1.10　円弧の直延（a）

(b)　（近似法その2　改良ランキン氏法）（図1.11）

弧 AB の中点 C を求める．弦 AB の延長上に BD＝弦 BC なる D を求める．

EB⊥OB，D を中心とし DA を半径とする円弧と，接線 BE との交点を E とする．近似的に BE は求める弧 AB の直延である．

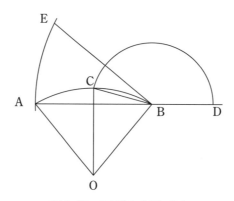

図1.11　円弧の直延（b）

円弧の直延（a）の解説：**図1.12**（a）の ΔEFD において，三平方の定理より，

$$(L_1 \sin \theta)^2 + (L_1 \cos + a)^2 = (3a)^2$$

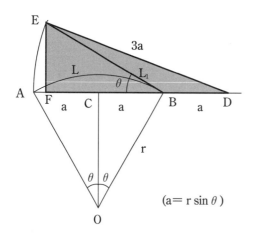

$(a = r \sin \theta)$

図1.12（a）　円弧の直延（a）解説

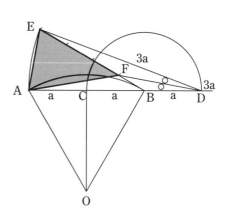

図1.12（b）　円弧の直延（a）解説の続き

ここで，$a = r\sin\theta$ なので，

$(L_1\sin\theta)^2 + (L_1\cos + r\sin\theta)^2 = (3r\sin\theta)^2$

これより，$L_1 = r\sin\theta(\sqrt{\cos^2\theta + 8} - \cos\theta)$

よって，相対誤差を e とすると，$\dfrac{L_1}{L} = \dfrac{L_1}{2r\theta} = \dfrac{\sin\theta(\sqrt{\cos^2\theta + 8} - \cos\theta)}{2\theta} = 1 + e$

したがって，$e = \dfrac{\sin\theta(\sqrt{\cos^2\theta + 8} - \cos\theta)}{2\theta} - 1$

$2\theta = 90°$ のとき，相対誤差 $e = 1/170$

$2\theta = 60°$ のとき，相対誤差 $e = 1/860$

$2\theta = 30°$ のとき，相対誤差 $e = 1/14,400$

1・1・9　直線 AB の長さを円周上にとる方法（円弧の直延（a）の逆の作図）（図 1.13）

　円弧の一端 B で接線 BE を引き，BE＝与長 L とする．BE を 4 等分する．分点 1 を中心とし，1E を半径とする円弧と与円弧 BC との交点 A を求める．弧 BA は近似的に与長 L に等しい円弧である．

解説：図 1.12（b）に示すように，（円弧を直延したとき），EB を 3：1 に内分する点を F とすると，ΔEDB において，DE：DB＝EF：FB＝3：1 よって DF は ΔDEB の頂角∠EDB の 2 等分線となる．したがって，ΔFEA は二等辺三角形となり，FE＝FA の関係が成り立っていることになる．これが図 1.13 の作図を行う根拠である．

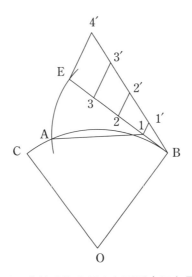

図 1.13　直線 AB の長さを円周上にとる方法

1・1・10　円外の点から円への接線（図 1.14）

　P と中心 O とを結び，それを直径とする円を描く．この円と円 O の円周との交点 A（B）では，半径 OA（OB）と PA（PB）とが垂直になるから PA（PB）は接線で，A（B）は接点である．

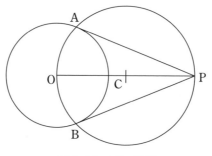

図1.14 円の接線

1・1・11 円弧への接線（中心が与えられていない円弧への接線の引き方）

①円弧の中央に近い点での接線（指定した接点の両側に十分な長さの弧長があるとき）（図1.15）

接点 A を中心に弧上両側に点 B，C をとり，弦 BC を引くと，A における接線はそれに平行となる．

②円弧の端に近い点での接線（図1.16）

接点 A から弧の上に等しく AB，BC をとる．ここで∠BAD＝∠BAC を作れば，AD は弧への接線となる．

③円弧の外の点からの接線（図1.17）

与えられた円弧外の点 P を通り，弧に 2 点で交わる割線 PAB を引く．ここで接線の長さを PE とすると，$PE^2＝PA \cdot PB$ の関係があるから，図式計算として次の作図で PE の長さを求める．

まず，BAP の延長上に点 C を，PA＝PC にとる．次に BC を直径とする半円を描き，点 P から立てた CB への垂線との交点を D とする．

$PD^2＝PC \cdot PB＝PA \cdot PB＝PE^2$ となるので，PD に等しく PE を円弧上にとれば，E は接点となる．

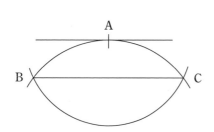

図1.15 円弧への接線①（円弧の中央に近い点での接線）

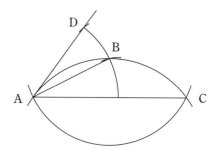

図1.16 円弧への接線②（円弧の端に近い点での接線）

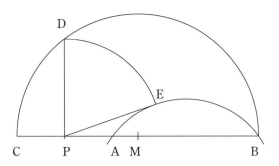

図1.17　円弧への接線③（円弧の外の点からの接線）

1・1・12　2円の共通接線（図1.18，図1.19）

　2つの円の共通接線の作図は，一方の円の中心を中心として，2円の半径の差，または和をもつ円を作る．他方の円の中心から，この円に接線を引くと，共通接線はそれらと平行となる．半径の差をとったときは外接円，和をとったときは内接円となる．

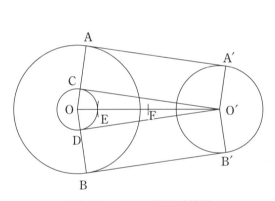

図1.18　2円の共通外接線

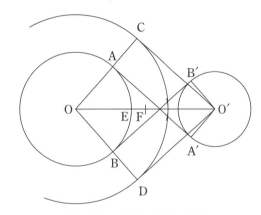

図1.19　2円の共通内接線

1・1・13　半円周長（図1.20）

　直径 AB の一端 A で接線を引く．∠COA＝30°なる OC を引き，接線との交点を E とする．接線上に EF＝3・OA なる F を定める．BF は求める半円周 π・OA に近似的に等しい．

解説：$\mathrm{BF}/(\pi r)=(1/\pi)\sqrt{4+(3-1/\sqrt{3})^2}=1+\mathrm{e}$，相対誤差 e＝1/40,000

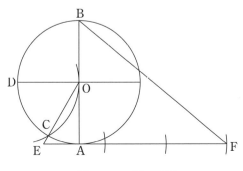

図1.20　半円周長

1・1・14　円周長（図1.21）

　直径 AB の一端 B で接線を引く．∠COA＝30° なる OC を引き，円 O との交点を C，C から AB に垂線を下ろし，その足を D とする．接線上に BE＝3・AB なる E を定める．DE は求める円周長 π・AB に近似的に等しい．

解説：DE/(2πr)＝$\sqrt{151+4\sqrt{3}}$ /(4π)＝1+e，相対誤差 e＝1/21,700

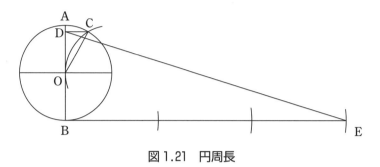

図1.21　円周長

1・1・15　正五角形（正確な値）

① 　一辺を与えた正五角形（対角線の長さを利用した作図）（図1.22）

　一辺を AB とおき，AB の中点 C で垂線を立て，CD＝AB＝a にとる．A，D を結んで延長し，D から先に DE＝a/2 をとる．AE＝($\sqrt{5}$ +1)a/2 となって，正五角形の対角線の長さである．CD の延長と，A を中心，半径 AE の弧との交点 F は，正五角形の頂点の1つとなる．A，B，F をそれぞれ中心として，半径 a の弧を描いてその交点を求めると，正五角形の頂点が定まる．

理論：図1.23 に示すように，円周角の関係より，△HIB は二等辺三角形となり，AB^2＝AI・AH，

　　　すなわち a^2＝d(d−a)，変形して，d^2−ad−a^2＝0，

　　　これを解くと d＝(1+$\sqrt{5}$)a/2（この d と a の比を黄金比という）．

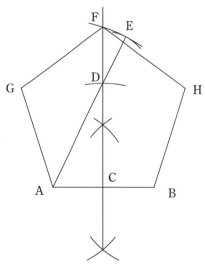

図1.22　一辺を与えた正五角形

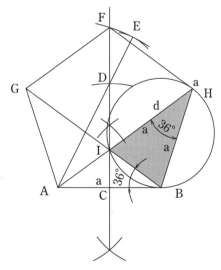

図1.23　一辺を与えた正五角形の理論

図 1.22 はこの対角線の長さを利用した作図法である.

② 円に内接する正五角形（一辺の長さを利用した作図）（図 1.24）

1 頂点 A を定め，A を通る直径 AB とそれに直交する直径 CD を引く．OD の中点 E を中心にして半径 AE の弧を描き CD との交点を F とし，AF を半径とする弧で外接円を切る．G，J は五角形の頂点である.

理論：図 1.25 に示すように，OB 上に K をとり HB＝HK＝b とすると円周角，中心角等の角度の関係より，OK＝b となる．また∠KHB＝∠KOH＝36°となり，BH は O，K，H を通る円の接線となる.

　　　従って接弦定理より，$b^2＝r(r-b)$，これを解いて

　　　$r＝(1+\sqrt{5})b/2$ あるいは $b＝(\sqrt{5}-1)r/2$ となる.

　　　△OHM において，三平方の定理より，$a/2＝\sqrt{r^2-((r+b)/2)^2}$，この式の b に

　　　$b＝(\sqrt{5}-1)r/2$ を代入して a を求めると，$a＝\sqrt{10-2\sqrt{5}}\ r/2$ が求められる.

図 1.24 はこの半径の長さを利用した作図法である.

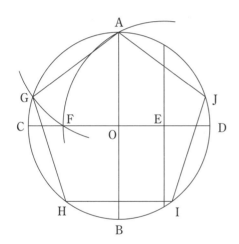

図 1.24　円に内接する正五角形

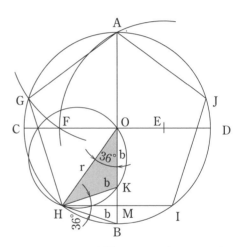

図 1.25　円に内接する正五角形の理論

1・1・16　正 n 角形

① 一辺を与えた正 n 角形（図 1.26）

AB を与えられた一辺とすれば，これを延長し，AB＝BD に点 D を定め，AD を n 等分（図では n＝7）し，その第 2 分割点を 2 とする．AD を半径に A と D を中心とした円弧の交点を C とする．C と 2 を結び，その延長と AD を直径とする半円との交点を E とし，A，B，E を通る円を描く．この円周を AB の長さで分割（n＝7）し，各分割点を結ぶ.

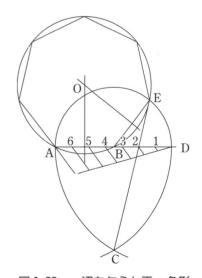

図 1.26　一辺を与えた正 n 角形

② 円に内接する正 n 角形（本法は，正三角形，正四角形，正六角形等については正確であるが，正五角形，正七角形の場合は近似解法である．）（図1.27）

直径 AB を n 等分する．A，B をそれぞれ中心とし，AB を半径とする両円弧の交点 C を求める．n 等分の 2 番目の点 2 と C とを結び，与円との交点を D とする．線分 BD すなわち弦 BD は，求める一辺である．D より弦 DE＝EF＝FG ……＝BD なる頂点 E，F，G，……を求めれば，内接円正 n 角形 BDE ……I が求められる．

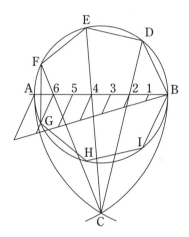

図 1.27　円に内接する正 n 角形

1・2 円錐曲線

1・2・1　円錐曲線の定義

図 1.28 に示すように，円錐の面素と切断平面の傾きとの関係でその断面は $\theta < \phi$，$\theta = \phi$，$\theta > \phi$ それぞれの場合に対し，楕円，放物線，双曲線の 3 つの曲線となるので，この 3 曲線を総称して円錐曲線という．

図 1.29 に示すように円錐曲線は定直線（準線）LM に下ろした垂線の長さ PN と定点（焦点）F からの距離 PF の比（離心率）e＝PF/PN が一定であるような点 P の軌跡であることが証明でき，e＜1，e＝1，e＞1 のそれぞれの場合に対し，楕円，放物線，双曲線となる．さらに円錐曲線の方程式は以下に示すように $ax^2 + 2hxy + by^2 + 2gx + 2fy + c = 0$ の形の 2 次曲線となる．

円：定点（中心）からの距離（半径）が一定（R）である点の軌跡

　　　中心 (x_0, y_0) 半径 R の円の方程式　$(x-x_0)^2 + (y-y_0)^2 = R^2$

楕円：2 定点（焦点）からの距離の和が一定（2a）である点の軌跡

　　　直交座標の原点に中心があり，x 軸上に長軸 2a，y 軸上に短軸 2b がある場合

　　　標準形　$x^2/a^2 + y^2/b^2 = 1$

　　　離心率　$e = \sqrt{1 - b^2/a^2}$，焦点の座標 $(-ae, 0)$，$(ae, 0)$，$0 < e < 1$

　　　準線の方程式　$x = -a/e$，$ex = a/e$

放物線：1 定点（焦点）と 1 直線（準線）への距離が等しい点の軌跡

標準形　$y^2 = 4ax$，離心率 $e = 1$，

頂点及び焦点の座標　$(0, 0)$ 及び $(a, 0)$，準線の方程式 $x = -a$

双曲線：2 定点（焦点）からの距離の差が一定（$2a$）である点の軌跡

標準形　$x^2/a^2 - y^2/b^2 = 1$　　　漸近式　$y = (b/a)x$

離心率　$e = \sqrt{1 + b^2/a^2} + b^2/a^2$，焦点の座標 $(-ae, 0)$，$(ae, 0)$，　$e > 1$

準線の方程式　$x = -a/e$，$x = a/e$

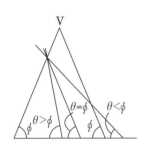

図 1.28　円錐の切断と円錐曲線

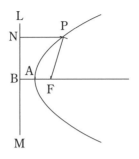

図 1.29　離心率と円錐曲線

1・2・2　種々の場合に対する円錐曲線の作図法（円錐曲線を作図する場合，何を与えて作図するかによって種々の作図題ができる）

①　2焦点に至る距離の和を与えた楕円（**図 1.30**）

楕円の長軸 AA_1 を与えられた距離の和の長さにとる．FF_1 上に適当に点 1，2，……をとる．F を中心とし半径 A1 の円弧と F_1 を中心とし半径 $A_1$1 の円弧の交点を P_1 とする．次に F を中心とし半径 A2 の円弧と F_1 を中心とし半径 $A_1$2 の円弧の交点を P_2，以下同様である．これらの P_1，P_2，……及び A，A_1 を通る滑らかな曲線を描けば求める楕円が得られる．

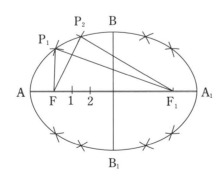

図 1.30　2焦点に至る距離の和を与えた楕円

② 　準線と焦点を与えた放物線（**図 1.31**）

準線 L に平行な直線を引き，その直線上に $FP_1 = P_1N_1$，$FP_2 = P_2N_2$，…となる点 P_1，P_2，…を取る．P_1，P_2，…を滑らかな曲線で結べば所定の放物線が得られる．

③ 　2焦点に至る距離の差を与えた双曲線（**図 1.32**）

AA_1 を与えられた距離の差にとる．FF_1 の延長上に適当に点 1，2，3，4，……をとり，F を

中心とし，半径 A1 の円弧と F_1 を中心とし，半径 $A_1$1 の円弧の交点を P_1，F を中心とし半径 A2 円弧と F_1 を中心とし半径 $A_1$2 の円弧の交点を P_2，以下同様とする．これらの P_1，P_2，……を滑らかな曲線で結べば，求める双曲線の右半分が描かれる．左半分も全く同様にして描くことができる．

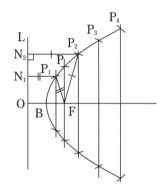

図 1.31　準線と焦点を与えた放物線

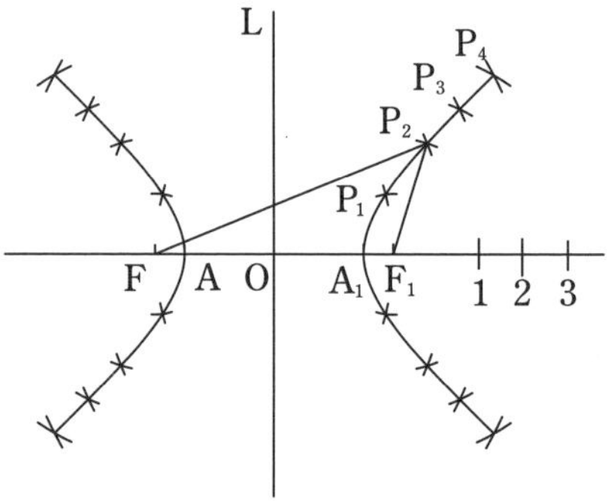

図 1.32　2 焦点に至る距離の差を与えた双曲線

④　長・短軸を与えた楕円（図 1.33）

　与えられた長・短軸 A_1A_2，B_1B_2 を直径とする同心の二つの円を描く．これらをそれぞれ大副円，小副円という．両円を共通の直径で n 等分する．（図は n=12 の場合を示す）．大副円の分点から鉛直線を，対応する小副円の分点から水平線を引き，（図中矢印の方向），両者の交点を求める．これらの n 個の交点を滑らかな曲線で結べば求める楕円を得る．

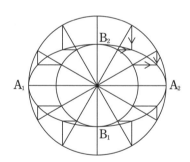

図 1.33　長・短軸を与えた楕円

⑤　準線，焦点，離心率を与えた楕円，放物線，双曲線（図 1.34，図 1.35，図 1.36）

　図 1.34～図 1.36 は e=3/4，1，4/3 の場合の作図法を示す．いずれの図においても焦点 F を通って準線 NN′ に垂直に円錐曲線の軸 XX′ を引き，これに任意の鉛直線（図では等間隔にとってある）11′，22′，33′，44′…を立て，交点を，r_1，r_2，r_3，r_4，…とする．次に X を通り，傾き e の直線 XK を引き 11′，22′，33′，44′…との交点を，q_1，q_2，q_3，q_4，…とする．r_1q_1＝Fp_1，r_2q_2＝Fp_2，r_3q_3＝Fp_3，r_4q_4＝Fp_4，…なる点 p_1，p_2，p_3，p_4，…を 11′，22′，33′，44′…上に取れば，これらの点 p_1，p_2，p_3，p_4，…を通る滑らかな曲線を描くことにより，求める円錐曲線が描かれる．頂点 A は，XF を 1：e に内分する点，つまり XA：AF＝1：e なる内分点として求められる．

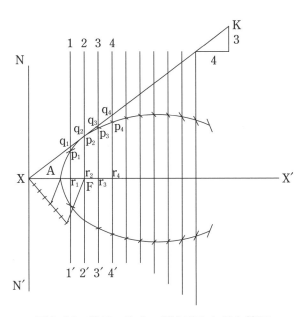

図 1.34　準線，焦点，離心率を与えた楕円

⑥　準線，焦点，離心率を与えた放物線　　⑦　準線，焦点，離心率を与えた双曲線

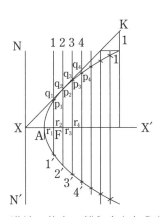 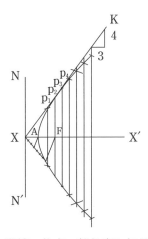

図 1.35　準線，焦点，離心率を与えた放物線　　図 1.36　準線，焦点，離心率を与えた双曲線

1・3　インボリュート曲線

1・3・1　インボリュート曲線の定義

　図 1.37 に示すように，一般に曲線に巻き付けた糸をピンと張ったままほどいていくとき，糸の上の 1 点の描く軌跡を伸開線（インボリュート involute）という．実際には円（基礎円）に糸を巻き付けた場合のインボリュートが多く用いられている．またこれは歯車のインボリュート歯形として大切な曲線である．

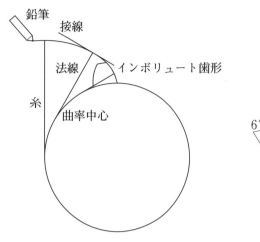

図1.37 インボリュート曲線

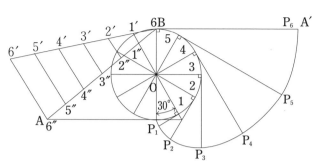

図1.38 インボリュート歯形

1・3・2 インボリュート曲線の作図

図1.38において基礎円Oの半円周を1, 2, 3, ……6で6等分する. 半円周を直延し, その長さをABとする. 分点1, 2, 3, ……で基礎円に接線を引き, それぞれの上に直延した半円周ABの1/6, 2/6, 3/6……の長さをとり, 1P₁, 2P₂, 3P₃, ……とする. P₁, P₂, P₃, ……を結べば円のインボリュート曲線が描ける.

14

第2章　投影法の種類

2・1　各種投影法

2・1・1　投影の原理

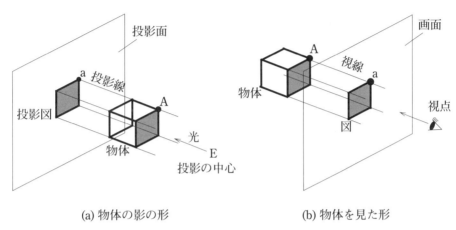

(a) 物体の影の形　　　　　　　　(b) 物体を見た形

図2.1　投影の原理

　立体の形状を2次元の図面として表して，解析に用いる学問が図学 Graphic Science であり，製作に用いる技術が製図 Drawing である．図学（画法幾何学 Descriptive Geometry ともいう）は，もともとガスパール・モンジュ Gaspard Monge（仏，1746-1818）により創始されたもので，城や砦を築くときのように複雑な構造物の問題を図上で解決する学問である．フランスでは長らく国家機密とされてきたが，これがヨーロッパ，アメリカを経て，日本に伝わったものである．

　なお，3次元の構造物，物体，立体（代表として立方体を考える）を2次元の図として表示する方法を投影 Projection という．投影には2通りの考え方がある．その1つはモンジュが考えた方法であり，図2.1 (a) に示すように物体に光を当てたときの影の形として物体を捉える考え方であり，投影の中心 Center of Projection と物体 Object の各点を結ぶ直線（投影線 Projectors）とその後ろにおいた投影面 Plane of Projection との交点を結ぶことにより，2次元の図形（投影図 Projection）を得る方法であり，他の一つはアメリカにおいて考えられたものである（直接法 Direct Method と言われる）．図2.1 (b) に示すように視点 Observer's Eye に目を置いて物体を見た形を見た通りに画面 Picture Plane 上に描くという考え方であり，視点と物体の各点を結ぶ直線（視線 Visual Rays）とその間においた画面との交点を結ぶことにより，2次元の図形（単に図 View という）を得る方法である．

　いずれの考え方においても，投影により得られる2次元の画像により物体の形や大きさを知

15

ることができる．なお，物体上の点は大文字（例えば A）で，それに対応する投影図上の点は小文字（例えば a）で表す．A と a とは一対一対応をなす．

2・1・2 投影の種類

　図2.2に投影法の分類を示す．また図2.3に正投影（第3角法），図2.4に複面投影（第1角法），図2.5に複面投影（第3角法），図2.6に斜軸測投影（単に斜投影という），図2.7に正軸測投影（単に軸測投影と言う）を，図2.8に透視投影を示す．

　図2.2において，投影の中心が遠く離れた場合を平行投影 Parallel Projection，有限の距離にある場合を中心投影 Central Projection または透視投影 Perspective Projection という．平行投影の投影線が投影面に直角の場合を垂直投影 Perpendicular Projection，投影線が投影面に斜めの場合を斜軸測投影（単に斜投影 Oblique Projection）（図2.6）という．さらに垂直投影を分類し，対象物を投影面に平行に置いた場合を正投影 Orthographic Projection（図2.3），対象物を投影面に斜めに置いた場合を正軸則投影（単に軸測投影）Axometric Projection（図2.7）という．正投影は，図2.4（第1角法 First Angle Projection）または図2.5（第3角法 Third Angle Projection）に示すように，通常直交する2つの投影面を組み合わせて用いるので，複面投影 Multi Plane Projectin という．また，直角投影には地図のように等高線で示す

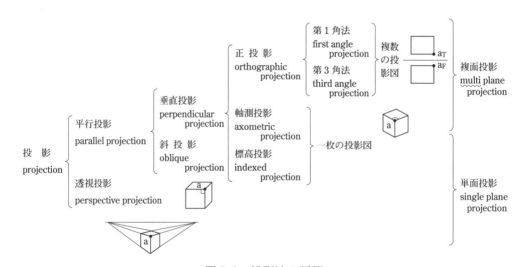

図2.2　投影法の種類

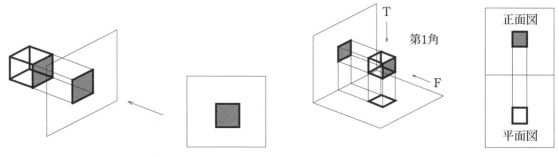

図2.3　正投影（第3角法）　　　　　図2.4　複面投影（第1角法）

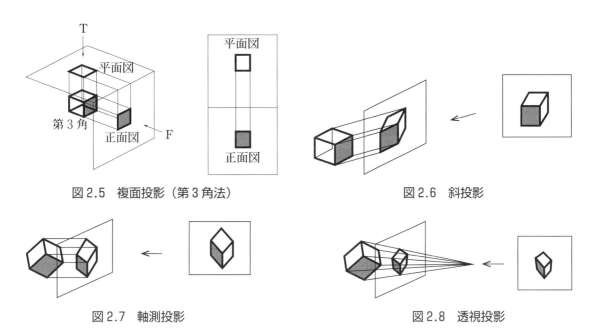

図2.5　複面投影（第 3 角法）　　　　　　　　　図2.6　斜投影

図2.7　軸測投影　　　　　　　　　　　　　　図2.8　透視投影

場合があり，これを標高投影 Indexed Projection という．

　正軸則投影，斜投影，透視投影では立方体の 3 面が単一投影面に投影されているので，これを単面投影 Single Plane Projection という．単面投影では立体の形状を一目で把握でき，また立体図の手法を理解すれば，製図と同様に技術的に容易に描くことができるので，総称して立体製図あるいはテクニカルイラストレーション（Technical Illustration, TI）と呼ばれる．

2・2　正投影法

2・2・1　第 1 角法と第 3 角法

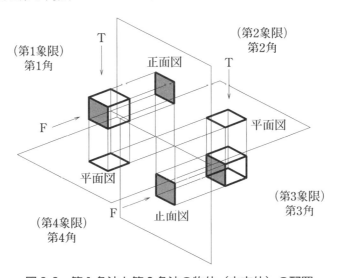

図2.9　第 1 角法と第 3 角法の物体（立方体）の配置

　図2.9 に示すように鉛直，水平の投影面によって空間を 4 つの部分に分け，それぞれの空間

を第1角（第1象限），第2角（第2象限），第3角（第3象限），第4角（第4象限）という．立体を第1象限に置いた正投影法を第1角法，第3象限に置いた正投影法を第3角法という．元々モンジュが創始したのは，第1角法である．後にアメリカで考えられた，見たままを表示する方法（直説法）が第3角法である．現在ヨーロッパや中国では第1角法が用いられ，アメリカや日本では第3角法が用いられている．（ただし，日本でも建築の分野では第1角法が用いられている）．

2・2・2 投影図の配置

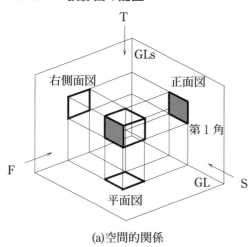

(a)空間的関係

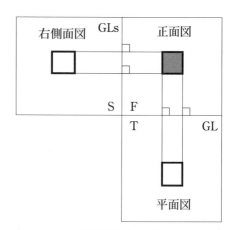

(b)投影面の配置

図2.10 第1角法の図面配置

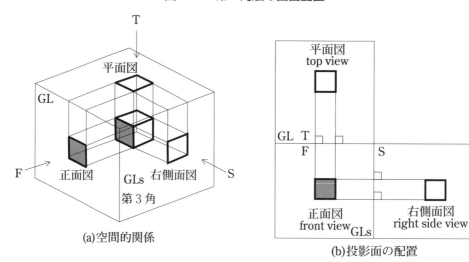

(a)空間的関係

(b)投影面の配置

図2.11 第3角法の図面配置

図2.10，図2.11に第1角法と第3角法の投影図の配置の原則を示す．図2.10 (a)，図2.11 (a) において，鉛直投影面または立画面 Vertical Plane of Projection（Frontal Plane，F面）上にできる投影図を正面図 Front View，水平投影面または平画面 Horizontal Plane of

Projection（Horizontal Plane，T 面）上にできる投影図を平面図 Top View，2 つの投影面の交線を基線（Ground Line，GL）または折りたたみ線（Folding Line，FL）という．さらに必要なら，F 面と T 面に直交する投影面（Profile Plane, S 面）を考える．投影面（S 面）上にできる投影図を側面図 Side View（右から見た場合の側面図を右側面図 Right Side View，左から見た場合の側面図を左側面図 Left Side View）という．F 面と S 面の交線を基線（GLs）とする．F 面，T 面，S 面の 3 面を 3 主投影面，F 面，T 面，S 面の 3 面上にできる投影図を 3 主投影図という（略して 3 主図あるいは 3 面図 Three Views ともいう）．

T 面，S 面を基線 GL，GLs を軸として 90°回転し，F 面上に重ねることにより，図 2.10（b），図 2.11（b）に示すような投影面の配置となる．各投影図で立体上の対応する線を対応線 Ordnungslinie という．対応線には次の重要な関係がある．

◎ 1 つの基線に隣接する 2 つの投影面を考えると対応線は基線に垂直である．

◎ 1 つの投影面に隣接する 2 つの投影面を考えると対応点とそれぞれの基線からの距離は等しい．

投影面の配置において，第 1 角法では，上から見た図が下に，右から見た図が左に配置されるが，第 3 角法では，上から見た図が上に，右から見た図が右に配置される．合理性の面からで，JIS B 0001 機械製図では第 3 角法を用いることが規定されている．

2・2・3　立体からの 3 面図の作成

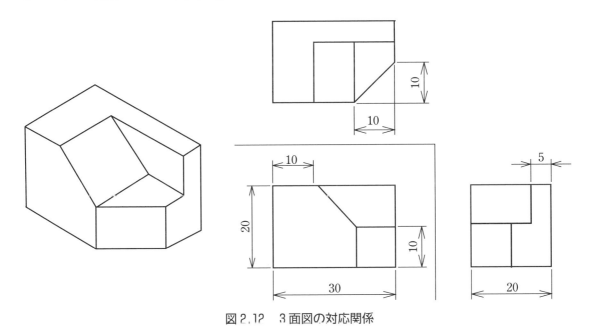

図 2.12　3 面図の対応関係

以下，正投影については断りのない限り，第 3 角法を採用することにする．

図 2.12 に立体の 3 面図の対応関係を示す．3 面図は同じ平面上に描かれているが，実際には直交する鉛直，水平の 3 投影面への投影図であることを理解する必要がある．すなわち，3 面図が与えられた場合には，3 つの投影面の間に基線があると考え，それらの投影面を基線に

沿って直角に山折にして考えると分かりやすい．基線に隣接する投影面 F，T あるいは F，S を考えると立体の対応線は基線に垂直で，また 1 つの投影面 F に隣接する T，S の対応点の基線からの距離は等しいことを確認することができる．図 2.13 に方眼紙を用いた 3 面図の作成方法を示す．方眼紙を用いると 3 面図を容易に作成することができる．

また正投影における正面図の選び方について次のことを理解する必要がある．すなわち物体の最も大事な面が正面図に選ばれるということであり，正面図の上に平面図が，正面図の右に右側面図が描かれるに過ぎない．例えばバスや自動車では横から見た図が，飛行機では上から見た図が正面図となる．

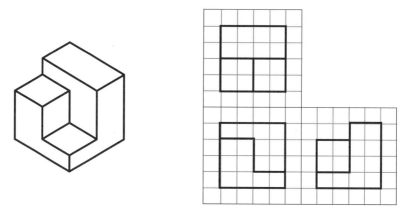

図 2.13　方眼紙を用いた 3 面図の作成

2・3　斜投影法

2・3・1　斜投影法の原理と種類

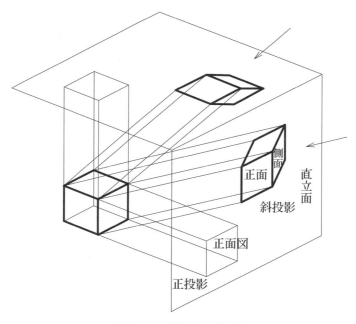

図 2.14　斜投影の原理

20

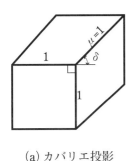

(a) カバリエ投影

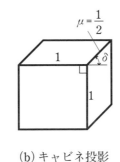

(b) キャビネ投影

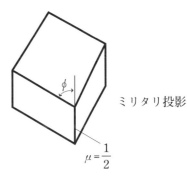

ミリタリ投影

図 2.15　F 面への斜投影　　　　　　　　図 2.16　T 面への斜投影

　斜投影とは図 2.14 に示すように，立体を画面に平行に置き，視線を画面に斜交させて行う平行投影であり，投影面に平行な面の形状は実形として表される．すなわち，図 2.15 に示すように，垂直面（F 面）への斜投影では正面の実形図に奥行き（その角度をδ，縮み率μとする）のついた立体図が得られる．この場合視線が画面と直交しないので，やや不自然な感じがあるが，F，T，S の 3 面を同時に表示することができるので，簡単な見取り図としてよく用いられる．この場合幅方向，高さ方向，奥行き方向の基線がどのように投影されるかがポイントになる．代表的な斜投影としては，奥行き寸法の縮み率$\mu = 1$の場合のカバリエ投影と，$\mu = 1/2$の場合のキャビネ投影がよくもちいられる．また図 2.16 に示すように，水平面（T 面）への斜投影では平面の実形図に深さ（高さ）のついた立体図が得られる（ミリタリ投影という）．見た眼の違和感をなくすため，深さは鉛直になるように回転して示している（深さの鉛直線との角度をϕ，縮み率μとする）．

2・3・2　BOX 法による斜投影図の作図

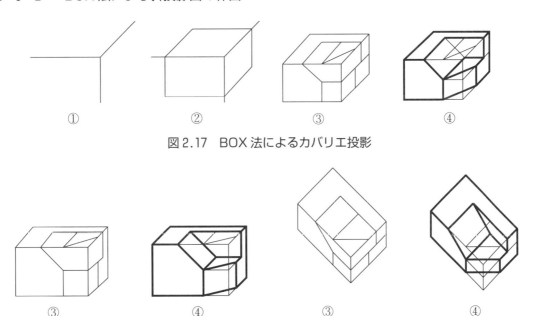

①　　　　　　　②　　　　　　　③　　　　　　　④

図 2.17　BOX 法によるカバリエ投影

③　　　　　　　④　　　　　　　　　　③　　　　　　　④

図 2.18　BOX 法によるキャビネ投影　　　図 2.19　BOX 法によるミリタリ投影

立体図の作成では下記に示すように，ボックス法（箱詰法）Box-in Method による作図が便利である．

ボックス法による作図手順
① 3軸の方向を決める．
② 立体を包む直方体を描く．
③ 直方体の各面上に正面図，平面図，側面図を描く．
④ 立体を仕上げる．

図2.12 に示す立体について，ボックス法を用いて作成したカバリエ投影（$\delta=45°$，$\mu=1$）を図2.17 に，キャビネ投影（$\delta=45°$，$\mu=1/2$）を図2.18 に，ミリタリ投影（$\Phi=45°$，$\mu=1/2$）を図2.19 に示す．

2・4 | 軸測投影

2・4・1 軸測投影の原理と種類

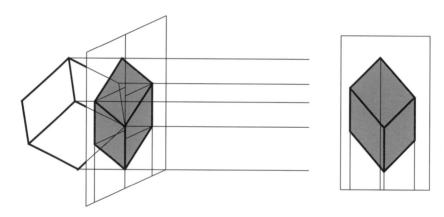

図2.20 軸測投影の原理

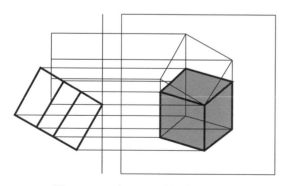

図2.21 回転による軸測投影作成

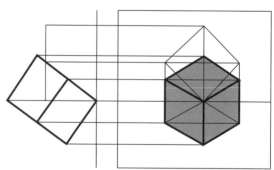

図2.22 回転による等測投影の作成

図2.20 に示すように，軸測投影は立体を傾けて画面に垂直投影する方法である．簡単には，図2.21 に示すように一つの面が画面に密着し，他の2面が水平面とある角度をもった立方体

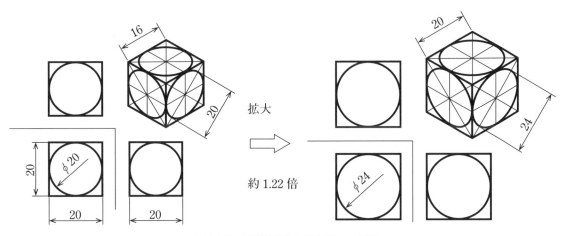

図2.23 等測投影と等測図の比較

を回転し，これを垂直投影すると考えてもよい．この場合，投影された立方体の各軸はもとの長さより短くなる（各軸の縮み率は図の幾何学的な関係から求められる）．その縮み率が3軸とも異なる場合を3軸測投影，2軸が等しい場合を2軸測投影，3軸とも等しい場合を等測投影（等角投影）Isometric Projection という．**図2.22** は等測投影の原理を示す．等測投影は立方体を対角線の方向から見た図となっている．この場合，各軸とも縮み率は $\sqrt{2}/\sqrt{3} \approx 0.82$ で，視線と立方体の各面とのなす角（楕円角度）はいずれも $\cos^{-1}(\sqrt{2}/\sqrt{3}) \approx 35°$ である．

なお，等測投影図を $(\sqrt{3}/\sqrt{2}) \approx 1.22$ 倍に拡大し，軸の長さを原寸としたものを等測図 Isometric Drawing という．**図2.23** に一辺 20 mm の立方体（各面上に内接する直径 20 mm の円が描かれている）の等測投影と等測図の比較を示す．等測投影では立方体の一辺は 20×0.82 ＝16.4 mm に縮小されているが，楕円の長径は 20 mm である．一方等測図では等測投影を 1.22 倍に拡大しているので，一辺が 20×1.22 ＝24.4 mm の立方体を描いていることになり，楕円の長径も 1.22 倍に拡大されていることになる．

等測図は等測投影よりも大きくなるが，形状は変わらないので，TI として，よく用いられる．

2・4・2 斜眼紙を用いた等測図

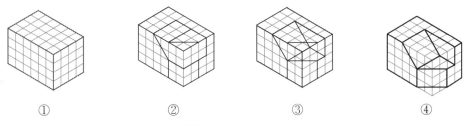

① ② ③ ④

図2.24 斜眼紙を用いた等測図の作成

等測図では幅方向が左上方 $30°$，奥行き方向が右上方 $30°$，高さ方向が鉛直，各軸の縮み率は1となるので，予め斜めの方眼紙（斜眼紙）を作っておくと便利である．以下に斜眼紙を用いた等測図の基本を示す．

◎等測図の基本

1）通常，正面図が左手前に見えるように描く．

2）原則として見えない線は描かない．

3）簡単な立体（円を含まない）では，ボックス法（箱詰法）が便利である．

4）円または円弧の等測図は，その中心を通る軸線を利用して描く（楕円の作図には楕円テンプレートを用いる）．

5）等測図上の楕円の長径は対応する円の直径の 1.22 倍を選ぶ．

6）等測図上の楕円を描くポイントは楕円テンプレートの楕円の短軸をその面の短軸方向に合わせることである．

図 2.12 に示す立体について，斜眼紙を用いた等測図の作成例を図 2.24 に示す．

2・5	**透視投影**

2・5・1　透視投影の原理と種類

　図 2.25（a）は立方体を画面に傾けて置き，有限の距離にある視点により中心投影したものである（視線が放射状になる）．この場合の投影を透視投影 Perspective Projection，得られた投影図を透視図 Perspective という．視点の位置を無限の距離に遠ざけた場合（視線が平行で画面に垂直の場合）が軸測投影であるが，投影した立方体の縦，横，高さの軸の方向は透視投

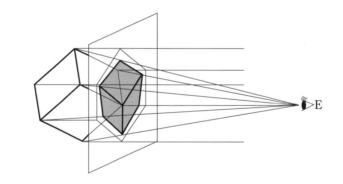

(a)透視投影の原理（軸測投影との比較）

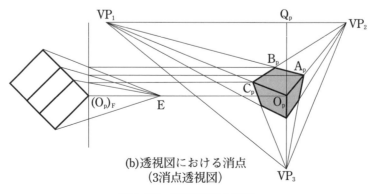

(b)透視図における消点
（3消点透視図）

図 2.25　透視投影の原理

影の場合と同じである．図2.25（b）に示すように，透視図上で立方体の平行な稜を無限に伸ばしていくと考えると，各稜の端点（頂点）を見る視線が無現に遠ざかり，従って各稜上の頂点の透視図は1点に向かう．すなわち透視図上では立方体の平行な稜は1点に集まる．これを消点 Vanishing Point という．

　一般に立方体の透視図では消点が3つ（3消点透視図 Three-Point Perspective）できる．3つの消点を結ぶ三角形を消点三角形（注　視点 O の位置は消点三角形の垂心である）という．なお，立方体の1つの稜が画面に平行になると消点が2つ（2消点透視図 Two-Point Perspective）となり，立方体の1つの面が画面に平行になると消点は1つ（1消点透視図 One-Point Perspective）となる．

　透視図の原理はカメラの原理と同じである（カメラのフィルム面をレンズの前方に置いたと考えればよい）．例えば，建物（立方体で代表）の写真を撮る場合，図2.26に示すように，カメラを建物に傾けて撮れば写真は3消点透視図となり，図2.27に示すように，カメラを建物

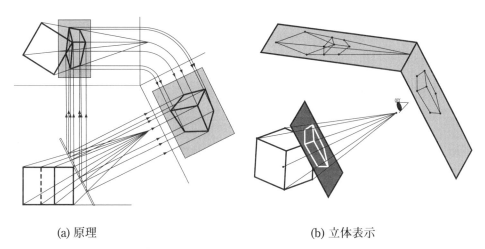

(a) 原理　　　　　　　　　　　　　(b) 立体表示

図2.26　3消点透視図（直接法）
（カメラを建物と傾けて撮影する場合）

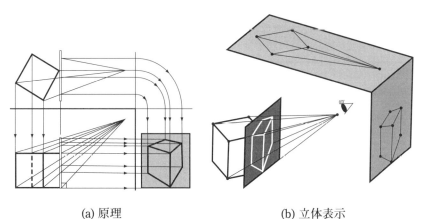

(a) 原理　　　　　　　　　　　　　(b) 立体表示

図2.27　2消点透視図（直接法）
（カメラを建物と平行にして撮影する場合）

に平行に撮れば写真は2消点透視図となる．さらに建物の側面に垂直に撮れば，写真は1消点透視図となる．

建築や美術，工業デザインの分野では3消点透視図が大変重要な役割を果たしている．絵画や建築物は3消点透視図の原理に従って描かれなければならない．

2・5・2　2消点透視図の原理

図2.28に2消点透視図の原理を示す．水平の基準面を基面 Ground Plane（GP）という．基面に垂直に画面 Picture Plane（PP）を置く．目の位置 E を視点 Eye，目と物体上の各点を結ぶ直線を視線 Visual Rays（VR），視線が画面と交わる点を順次結んで得られる図が透視図である．

視点の画面からの距離 L を視距離 Distance of Eye，視点の基面からの高さ h を視高 Height of Eye，視点から基面，画面に下ろした垂線の足をそれぞれ停点 Station Point（ST），視心 Center of Vision（CV）という．

また画面上の目の高さに引いた水平線を地平線 Horizon Line（HL），平行稜の集中点を消点 Vanishing Point（VP）という．また視線の基面上への投影線を足線 Foot Line（FL），画面上への投影線を目線 Eye Line（EL）という．

立方体の稜 AE を通る直線を IR（I を始点 Initial Point（IP）という）とした時，R が無限に遠くなると視線 ER は半直線 IR に平行になり，IR の透視図は消点 V_R に集中する．始点から消点までの半無限直線の透視図を全透視 Total Perspective（TP）という．

また画面と基面の交線を基線 Ground Line（GL），足線と基線の交点を足点 Foot Point（FP）という．

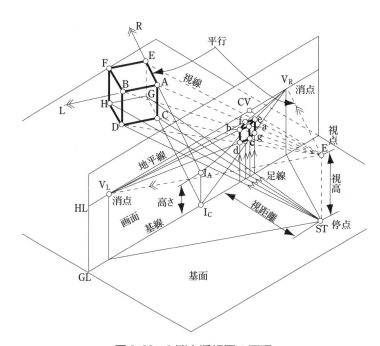

図2.28　2消点透視図の原理

2・5・3　2消点透視図の各種作図法

①　直接法 Direct Method

図2.29 (a) に示すように立体，画面，視点を配置し，視線と画面の交点を直接求め，これを順次結ぶことにより透視図を得る方法が直接法である．図2.29 (a) において，視線が画面を切る高さは平面図より，視線が画面を切る幅は平面図の足線と基線の交点より直接求められる．

②　消点法 Vanishing Point Method

図2.29 (a) において，透視図上で右向きの平行稜は右消点へ，左向きの平行稜は左消点へ集中する．

これを，透視図を中心に描き変えたものが図2.29 (b) である．

図2.29 (b) で視線が画面を切る点は，足点の真上にあり，その高さは左右の消点が分かれば求められ，左側面の立体は不要である．左側面図を取り去ったものを図2.29 (c) に示す．消点をもとに透視図を求める方法を消点法という．

通常，作図のスペースを確保するため，図2.29 (c) の画面の地平線を平面図の基線に一致するように移動する．これを図2.30に示す．

③　全透視法 Total Perspective Method

図2.31に示すように，全透視を利用する消点法を全透視法と名づける．A点の透視図 A_P はA を通る半直線の透視図すなわち全透視と足線から求められる．

図2.32に全透視法による直方体の透視図の作図を示す．作図手順は以下の通りである．

(a) ST より $a_T b_T$ に平行線を引いて，基線との交点より，右消点 V_R を求める．

(b) $c_T d_T$ を画面まで延長し，始点 I_C，I_G を求める．これより，全透視 $I_C V_R$，$I_G V_R$ を求める．次に ST より c_T，d_T に足線を引き，基線との交点を垂直に下ろし，透視図 $D_P H_P$，$C_P G_P$ を得る．

(c) 同様にして，透視図 $A_P B_P$，$E_P F_P$ を得る．

(d) 以上より全体の透視図を得る．

図2.33に2消点透視図の水平稜，鉛直稜の特徴をまとめて示す．すなわち，2消点透視図では水平稜はすべて消点に向かい，鉛直稜はすべて足点の上にある．

④　測点法 Measuring Point Method

図2.34に示すように，水平面上に A 点があるとき，画面上に B 点を取り，OA＝OB とする．BA に平行な直線の消点は ST より BA に平行な直線と地平線との交点 M_L である．この消点を測点という．測点 M_L の位置は二等辺三角形 $V_L S T M_L$ より，$V_L S T = V_L M_L$ で求められる．測点を用いると透視図 $O_P V_L$ に沿って距離を目盛ることができる．測点を利用する消点法を測点法という．

図2.35に測点法による直方体の透視図の作図を示す．作図手順は以下の通りである．

(a) ST より $a_T d_T$，$a_T b_T$ に平行線を引いて，基線との交点より，左消点 V_L，右消点 V_R を求める．

V_L を中心，半径 $V_L S T$ の円弧と V_R を中心，半径 $V_R S T$ の円弧を用いて，地平線上に左測

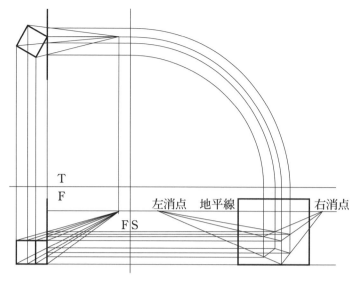

（a)2消点透視図直接法の原理

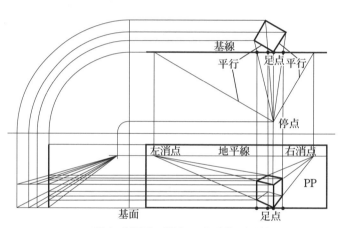

（b)2消点透視図の消点，地平線の関係

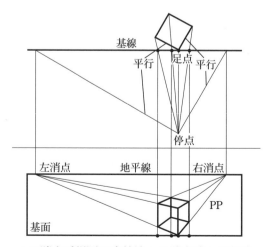

（c)2消点透視図の直接法から消点法への転換

図2.29　2消点透視図の直接法から消点法への変換

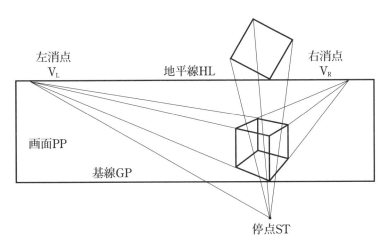

図 2.30　2 消点透視図画面の移動（消点法の原理）

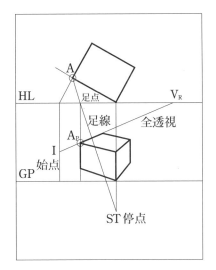

図 2.31　全透視法による透視図の作成

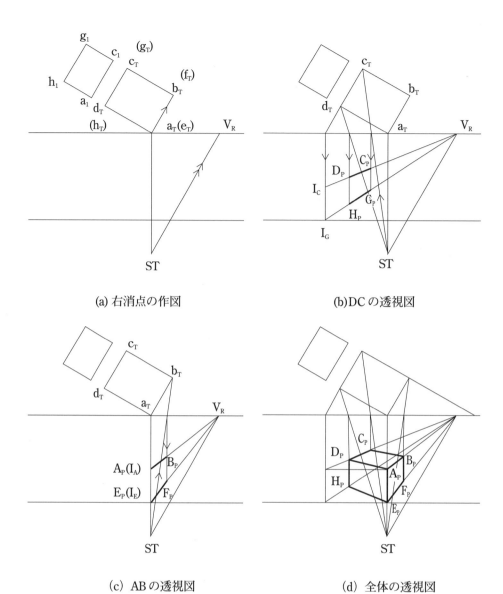

(a) 右消点の作図

(b) DC の透視図

(c) AB の透視図

(d) 全体の透視図

図 2.32　全透視法による透視図の作成

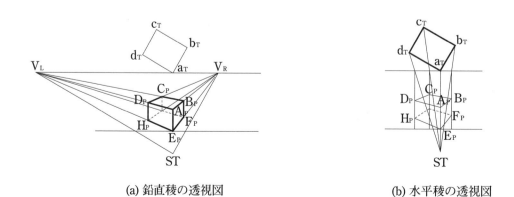

(a) 鉛直稜の透視図

(b) 水平稜の透視図

図 2.33　2 消点透視図の水平稜，鉛直稜の特徴

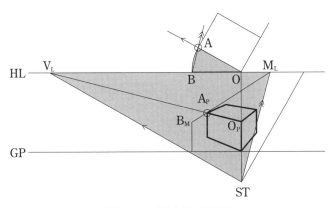

図 2.34　測点法の原理

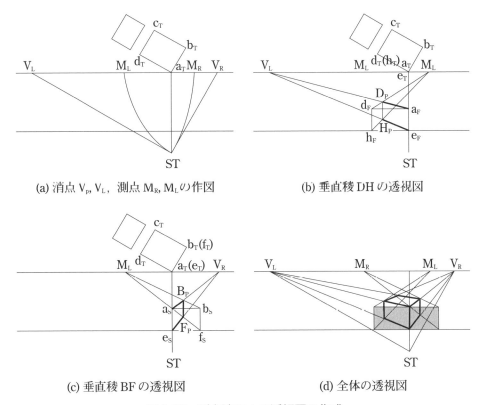

(a) 消点 V_P, V_L，測点 M_R, M_L の作図　　　(b) 垂直稜 DH の透視図

(c) 垂直稜 BF の透視図　　　(d) 全体の透視図

図 2.35　測点法による透視図の作成

点 M_L，および右測点 M_R を取る．

(b) 左測点 M_L と直方体の正面図 d_F，h_F を結び，AD，EH の透視図 $a_F V_L$，$e_F V_L$ 上に距離を目盛り，垂直稜 DH の透視図 $D_P H_P$ を求める．

(c) 同様にして，垂直稜 BF の透視図 $B_P F_P$ を求める．

(d) 以上より全体の透視図を得る．

　図 2.36 に直方体の平行稜の消点 V_L，V_R と正面及び側面の長方形の対角線の消点 V_2，V_1 の位置関係を示す．対角線の消点は平行稜の消点の真上にくる．

⑤　距離点法 Distance Point Method

　図 2.37 に示すように，水平面上に D 点があるとき，画面上に垂線を下ろし，その足を B，また画面上に C 点を取り，DB＝BC とする．CD に平行な直線の消点は ST より CD に平行な直線と基線との交点 Ds である．この消点を距離点という．距離点 Ds の位置は直角二等辺三角形 VC・ST・Ds より，距離 VC・ST＝VC・Ds より求められる．距離点を用いると透視図直線上に沿って画面からの距離を目盛ることができる．距離点を利用する消点法を距離点法という．

　図 2.38 に距離点法による直方体の透視図の作図を示す．作図手順は以下の通りである．

(a) ST より $a_T d_T$，$a_T b_T$ に引いた平行線と基線との交点より，左消点 V_L，右消点 V_R を求める．

(b) d_T より 45° の線を引いて画面との交点を求め，この交点より鉛直な線を引く．地平線上 $a_T ST＝a_T D$ として，距離点 Ds を求める．距離点 Ds を用いて，透視図上に画面からの距離を目盛り，垂直稜 DH の透視図 $D_P H_P$ を求める．

(c) 同様にして，垂直稜 BF の透視図 $B_P F_P$ を求める．

(d) 以上より全体の透視図を得る．

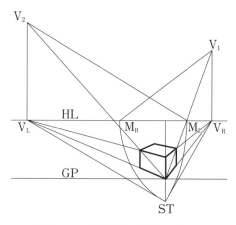

図 2.36　対角線の消点の位置

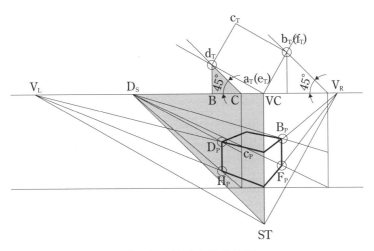

図2.37　距離点法の原理

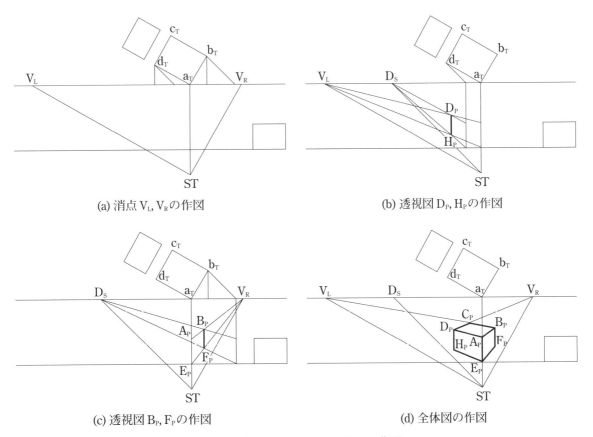

(a) 消点 V_L, V_R の作図

(b) 透視図 D_P, H_P の作図

(c) 透視図 B_P, F_P の作図

(d) 全体図の作図

図2.38　距離点法による透視図の作図

第3章 立体の相互関係

3・1 副投影法と回転法

　図3.1に副投影法 Auxiliary View Method および回転法 Revolution Method の説明用に考えた立体模型（(a) は立体図，(b) は正投影図，(c) は展開図）を示す．立体模型は厚紙の展開図より組み立てられる．上記立体の正投影図では，傾いた面（Aで示す）はF面に垂直であるが，T面，S面のいずれとも傾斜しているため，Aの実形図はF，T，Sの3主投影面のいずれにも表わされていない．この傾いた面の実形図を求める方法としては，3主投影面以外の第3の投影面 T_1（副投影面という）（この場合 T_1 面はF面に垂直でかつ傾いた面に平行）から見る副投影法（**図3.2** (a)）と，傾いた面をF面に垂直な回転軸 Axis の回りに30°（S面に平行になるまで）回転させて見る回転法（**図3.2** (b)）の2つの方法がある（矢印→は視線の方向を示す）．ただし副投影面はF面に垂直（副水平面 Depth Auxiliary Views という）かT面に垂直（副直立面 Height Auxiliary Views という）かのいずれかが考えられ，回転法における回転軸も T面に垂直かF面に垂直かのいずれかが考えられている．

　さらに，立体が**図3.3**に示すようにF面に傾けて配置された場合には，まずT面に垂直でかつ傾いた面を真横から見る副投影面 F_1（第1副投影面という）を考え，さらに第1副投影面 F_1 に垂直でかつ傾いた面Aに平行な副投影面 T_2（第2副投影面という）から見ればよい．また回転法においても1回の回転（第1回転）だけで斜面の実形図が得られない場合には再度の回転（第2回転）が考えられる．

　図3.4に第2投影と第2回転を用いた立方体の等測投影の作図を示す（→で視線の方向を示

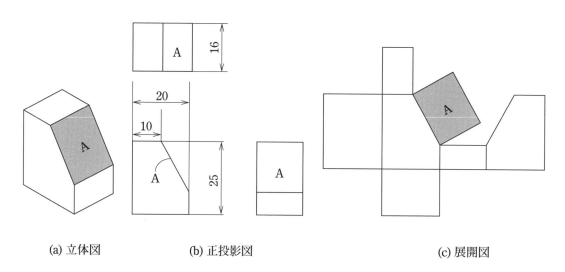

(a) 立体図　　　　　　(b) 正投影図　　　　　　　　　(c) 展開図

図3.1　副投影法，回転法説明用立体

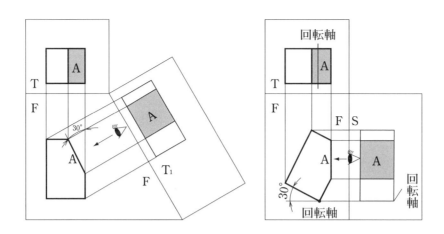

(a) 副投影法　　　　　　　　　　(b) 回転法

図3.2　副投影法と回転法

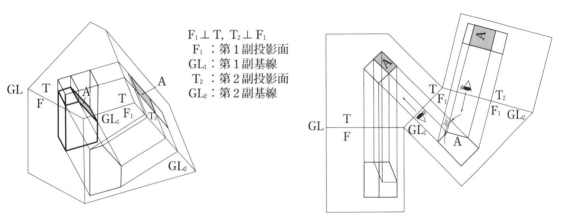

$F_1 \perp T,\ T_2 \perp F_1$
　F_1：第１副投影面
　GL_1：第１副基線
　T_2：第２副投影面
　GL_2：第２副基線

図3.3　第２副投影

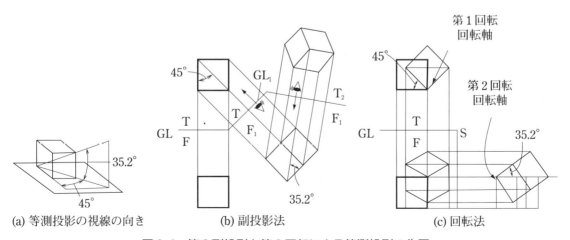

(a) 等測投影の視線の向き　　　　(b) 副投影法　　　　　　　　(c) 回転法

図3.4　第２副投影と第２回転による等測投影の作図

す）．**図3.4**（a）に示すように等測投影は立方体を対角線の方向に見た投影図すなわち水平面内で右へ45°，上へ35.2°の方向から見た投影図である．この手順を副投影法で行うと，まず右45°の第一副投影面F_1から見て，さらに上35.2°の第二副投影面T_2から見れば，T_2面上に等測投影が得られる（**図3.4**（b）），回転法で行うと，立方体を先ずT面上で右へ45°回転（第1回転）させ，さらにS面上で上へ35.2°回転（第2回転）させるとF面上に等測投影が得られる（**図3.4**（c））．

3・2 第3角法による点，直線，平面の表示

図3.5に第3角法による点，直線，平面の表示法を示す．点は1点たとえばA（正面図をa_F，平面図をa_T）で，直線は2点を結ぶ線分たとえばAB（正面図を$a_F b_F$，平面図を$a_T b_T$）で，平面は面上に描いた三角形たとえばABC（正面図を$a_F b_F c_F$，平面図を$a_T b_T c_T$）により表示する．A，B，Cの各点の正面図と平面図を結ぶ線を対応線という．同じ点の対応線は基線に垂直でなければならない．

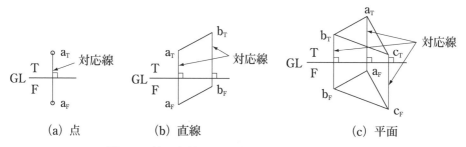

(a) 点　　　　(b) 直線　　　　(c) 平面

図3.5　第3角法による点，直線，平面の表示

3・2・1 点の主投影図と副投影図

図3.6に点の主投影図とその対応関係を，**図3.7**，**図3.8**に点の副投影図とその対応関係を示す．**図3.6**でa_T，a_SはそれぞれA点を上からと横から見た図であるので，いずれもF面からの距離は等しい．すなわちa_Tの基線GLからの距離と，a_Sの基線GL_Sからの距離は等しい．同様に**図3.7**でa_T，a_1はそれぞれ点Aを上からと斜め上から見た図であるので，いずれもF面からの距離は等しい．すなわちa_Tの基線GLからの距離と，a_1の基線GL_1からの距離は等

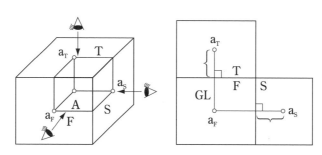

図3.6　点の主投影とその対応関係

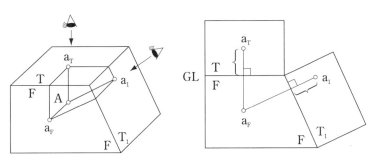

図 3.7　点の副投影とその対応関係（副水平面）

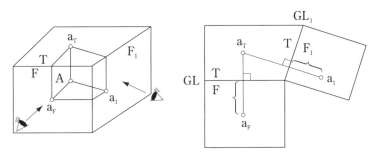

図 3.8　点の副投影とその対応関係（副直立面）

しい．また**図 3.8** で a_F，a_1 はそれぞれ点 A を前からと斜め前から見た図であるので，いずれも T 面からの距離は等しい．すなわち a_F の基線 GL からの距離と，a_1 の基線 GL_1 からの距離は等しい．以上をまとめると，一つの点の対応線は基線に垂直であり，一つの投影面に隣り合う対応点の基線からの距離は等しい．

3・2・2　直線の主投影図

　図 3.9 は主投影図上に実長が現れる特別な位置にある直線を示す．すなわち図 3.9（a）は T 面に垂直な直線であり，T 面から見ると直線は点に見える（直線は点視されるといい，点視された投影図を点視図 Point View, PV という），F 面では実長 True Length, TL が現れる．

　図 3.9（b）は F 面に平行な直線（正面平行線という）であり，F 面には実長 TL と水平面（T 面）との傾き角 θ（水平傾き角 Slope Angle）が現れる．図 3.9（c）は T 面に平行な直線（水平線という）であり，T 面には実長 TL と正面直立面（F 面）との傾き角 ϕ（正面傾き角 Frontal Angle）が現れる．

　図 3.10 に直線の点視と実長との関係を示す．F 面で点視されていると T 面，S 面には実長が現れる．すなわち直線が点視されると隣接する投影面には実長が現れる．

　図 3.11 は F 面，T 面のいずれにも傾いている一般的な直線を示す．この場合には水平傾き角 θ，正面傾き角 ϕ，実長 TL は主投影図には直接現れない．

　直線の実長が現れる場合は以下のようにまとめられる．

　　直線が主投影面に垂直な場合：点視に隣る投影面上に実長 TL が現れる

　　直線が投影面に平行（基線に平行）な場合：

　　　　　正面平行線ならば正面図に実長 TL と水平傾き角 θ が現れる

水平線ならば平面図に実長 TL と正面傾き角 ϕ が現れる.

また点視図 PV（point view）については以下のようにまとめられる.

- 直線に平行な視線による投影は点となる.
- 点視図の隣接図 F_1 では直線の実長が現れており，かつその投影 a_1b_1 は副基線 GL_2 に垂直である.
- 実長でない投影 a_Fb_F に垂直な副基線 GL' についての副投影は点視図にならない.

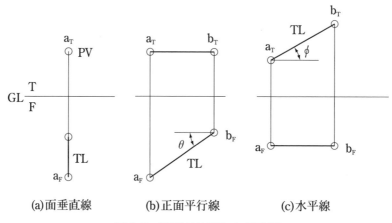

(a)面垂直線　　(b)正面平行線　　(c)水平線

図 3.9　特別の位置にある直線

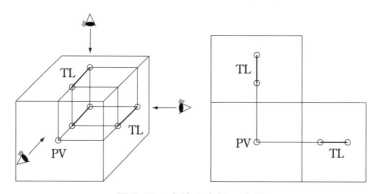

図 3.10　直線の点視，実長

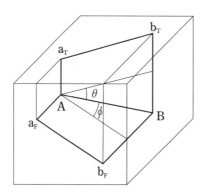

図 3.11　直線の傾き角

3・2・3　直線の実長

　図3.12に副投影法による直線の実長と主投影面との傾き角を求める作図を，図3.13に回転法による直線の実長と主投影面との傾き角を求める作図を示す．いずれの図も（a）に示す直線は，T面に垂直でF面に傾けて置いた三角定規の斜辺を見ていると考えるとわかりやすい．また（b）に示す直線は，F面に垂直でT面に傾けて置いた三角定規の斜辺を見ていると考えるとわかりやすい．

　図3.12（a）ではT面に垂直で三角定規ABHに平行な副投影面F_1から見れば，直線の実長TLと水平傾き角θが求められる．図3.12（b）ではF面に垂直で三角定規ABHに平行な副投影面T_1から見れば，直線の実長TLと正面傾き角ϕが求められる．

　図3.13（a）ではT面に垂直に置いた三角定規ABHを，AHを軸にF面に平行になるまで回転するとF面上に実形図が表れる．すなわち，基線に平行にb_Fがb'_Fに移動し，実形三角形AB'Hとなり，F面上に直線の実長TLと水平傾き角θが求められる．図3.13（b）ではF面に垂直に置いた三角定規ABHを，BHを軸にT面に平行になるまで回転するとT面上に実形図が表れる．すなわち，基線に平行にa_Tがa'_Tに移動し，実形三角形A'BHとなり，T面上に直線の実長TLと正面傾き角ϕが求められる．

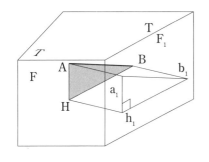
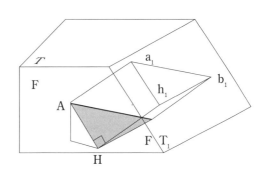

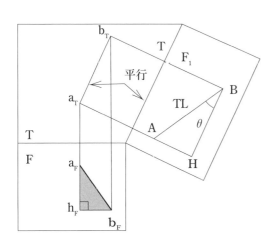
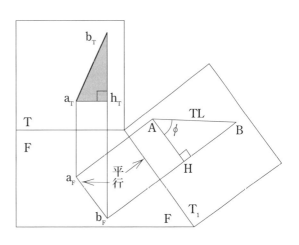

(a) 副直立面を利用　　　　　　　　　　　　(b) 副水平面を利用

図3.12　副投影法による直線の実長作図

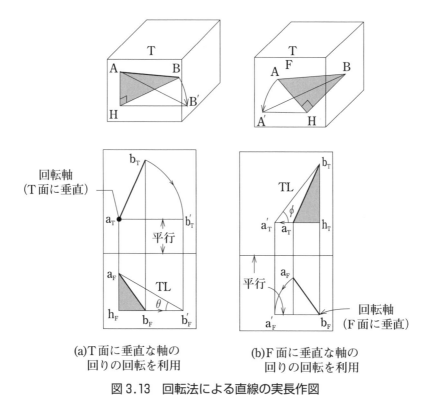

(a)T面に垂直な軸の
回りの回転を利用

(b)F面に垂直な軸の
回りの回転を利用

図 3.13　回転法による直線の実長作図

3・2・4　平面の実形図

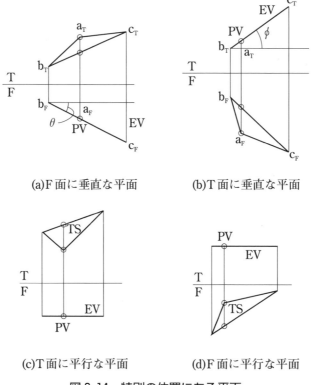

(a)F面に垂直な平面

(b)T面に垂直な平面

(c)T面に平行な平面

(d)F面に平行な平面

図 3.14　特別の位置にある平面

40

図 3.14 は主投影図に垂直な特別な位置にある平面を示す．すなわち図 3.14（a）は F 面に垂直な平面であり，F 面からみると平面は直線に見える（平面は直線視されるといい，直線視された投影図を直線視図 Edge View, EV という）．F 面上には，水平面（T 面）との傾き角 θ（水平傾き角 Slope Angle）が現われる．同様に，図 3.14（b）は T 面に垂直な平面であり，T 面からみると平面は直線視されている．また T 面上には，正面直立面（F 面）との傾き角 φ（正面傾き角 Frontal Angle）が現れる．

　図 3.14（c）は T 面に平行な平面であり，F 面からみると直線視図は基線に平行になり，T 面上では実形図 True Size, TS が現われる．図 3.14（d）は F 面に平行な平面であり，T 面からみると直線視図は基線に平行になり，F 面上では実形図 True Size, TS が現われる．

　直線視 edge view については以下のようにまとめられる．
- 投影面に垂直な平面の投影は一直線となり，平面上のすべての投影はこの直線上に重なる．
- 直線視が基線に平行であれば，隣接する投影は実形となる．
- 平面上の任意の直線を点視する副投影図を作れば，そこでは平面の投影が一直線となる．

　図 3.15 に平面の実形図作図手順を示す．図 3.15（a）は問題であり，図 3.15（b）は C を通る水平線の点視方法を示す．すなわち，C を通る水平線を引くと平面図は実長となり，実長に垂直な副基線 GL_1 とする第 1 副投影面 F_1 を選び，C 点，D 点の対応する F 面上の基線からの距離を取ると，水平線 CD が点視される．図 3.15（c）は平面の直線視の方法を示す．すなわち，副投影面 F_1 上に A 点，B 点の対応する F 面上の基線からの距離を取ると，三角形 ABC が直線視される．図 3.15（d）は平面の実形図の作図法を示す．第 1 副投影面 F_1 に垂直で，かつ直線視に平行な副基線 GL_2 とする第 2 副投影面 T_2 を選び，A 点，B 点，C 点の対応する T 面上の基線からの距離を取ると，三角形 ABC の実形図が得られる．

　この作図過程を分かりやすくするために，図 3.16 の実形図説明模型を製作した．厚紙に展開図をコピーし，基線で直角におりまげてもよいし，あるいは展開図を透明の OHP シートにコピーし，これをプラスチック板に貼り付けてプラスチック模型を作成してもよい．

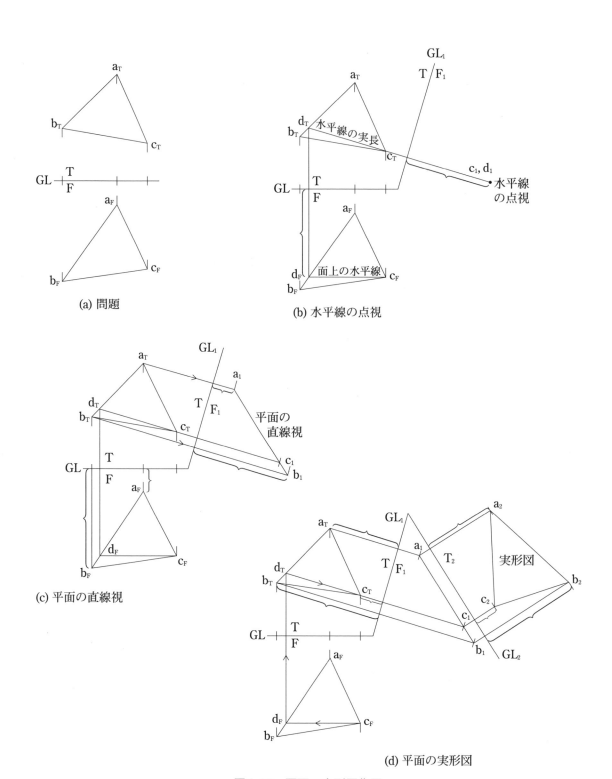

(a) 問題

(b) 水平線の点視

(c) 平面の直線視

(d) 平面の実形図

図 3.15 平面の実形図作図

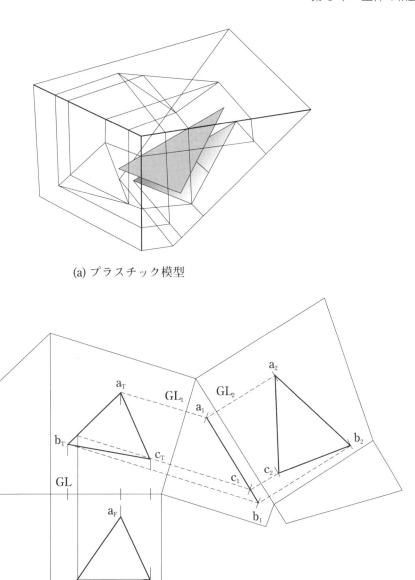

(a) プラスチック模型

(b) 展開図

図 3.16　平面の実形図説明模型

3・3 | 点, 直線, 平面の相互関係

　点, 直線, 平面の相互関係は以下の 3 種の平面関係に統合される.

3・3・1　一平面関係

　図 3.17 (a) 直線 AB と直線外の点 P により平面が構成される. 図 3.17 (b) 点 P が直線 AB 上にあり, 点 Q が直線 BC 上にあれば, 直線 PQ は平面 ABC 上にある. 図 3.17 (c) B と P を結び, これを直線 AC まで延長し, 交点を Q とする. 点 Q が直線 AC 上にあれば, 直線 BQ

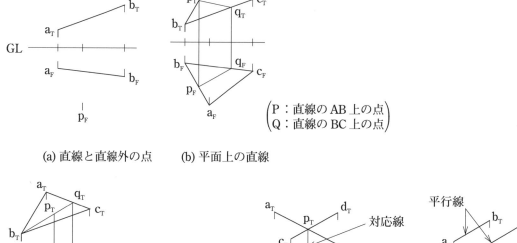

(a) 直線と直線外の点　　(b) 平面上の直線

$$\begin{pmatrix} P：直線の \text{AB} 上の点 \\ Q：直線の \text{BC} 上の点 \end{pmatrix}$$

$$\begin{pmatrix} P：直線の \text{BQ} 上の点 \\ Q：直線の \text{AC} 上の点 \end{pmatrix}$$

(c) 平面上の点　　　　　(d) 交わる2直線　　　(e) 平行2直線

図3.17　一平面関係

は平面 ABC 上にあり，したがって点 P は平面 ABC 上にある．図3.17（d）2直線 AB，CD の F 面上の交点 p_F と T 面上の交点 p_T の対応線が基線に垂直であれば2直線は点 P で交わる．図3.17（e）2直線 AB，CD が F 面上でも T 面上でも平行であれば2直線は平行である．

3・3・2　2平行平面関係

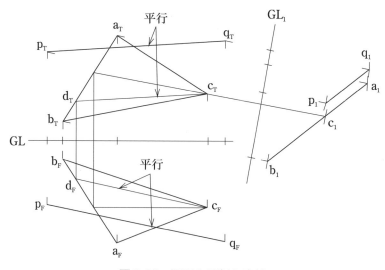

図3.18　平面と平行な直線

　平面外の点，平面と平行な直線，ねじれ2直線，平行2平面の関係は2平行平面関係にまとめられる．

　図3.18は平面と平行な直線を示す．直線PQに平行な平面上の直線（ここでは直線CD）があるとき，平面の直線視図$a_1b_1c_1$と直線の投影p_1q_1は平行になり，直線PQと平面ABCは2平行平面関係となる．

　図3.19にねじれ2直線を示す．ねじれ2直線とは同一平面上になく，平行でもなければ交わりもしない直線であるが，平行2直線を1つの共通垂線のまわりにねじったものと考えられる．CY∥AB，AX∥CDとなるように，ねじれ2直線のそれぞれの一端から他の直線に平行な直線を引けば平行2平面の関係が得られる．

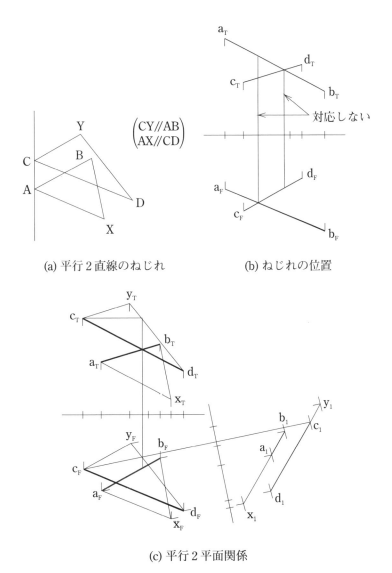

(a) 平行2直線のねじれ　　　　(b) ねじれの位置

(c) 平行2平面関係

図3.19　ねじれ2直線

3・3・3 交わる2平面関係

平面に交わる直線，交わる2平面は交わる2平面関係としてまとめられる．

[平面と直線の交点]

図3.20に三角形 ABC と直線 DE との交点 P の作図を示す．図3.20（a）は問題であり，図3.20（b）に副投影法による解法を示す．副投影法では B を通る水平線の実長を求め，これに垂直な副投影面 F_1 により，水平線の点視と三角形の直線視を行い，副投影面 F_1 上で交点 P を求め，平面図 p_T，正面図 p_F に戻している．

図3.20（c）に補助平面法の原理を示す．直線 DE を含み T に垂直な補助平面 Π を考える．（Π と三角形 ABC の）交線 12 と（Π と直線の）交線 DE の交点 P は三角形 ABC の面上にあり，かつ直線 DE 上にある．すなわち P は三角形 ABC と直線 DE の交点である．

図3.20（d）に補助平面法による解法を示す．直線 DE を含み T に垂直な補助平面 Π と三角

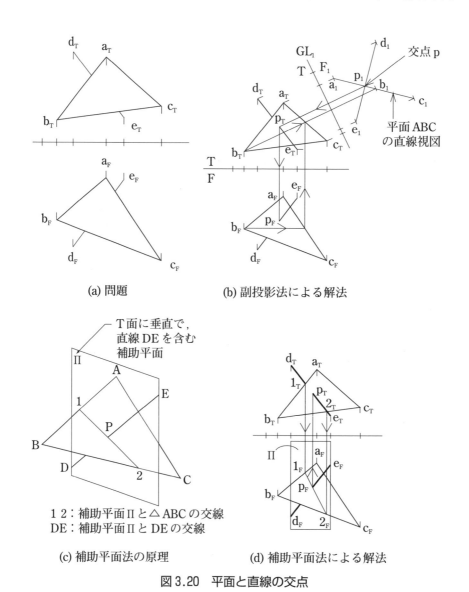

(a) 問題　　　(b) 副投影法による解法

12：補助平面 Π と △ABC の交線
DE：補助平面 Π と DE の交線

(c) 補助平面法の原理　　(d) 補助平面法による解法

図3.20　平面と直線の交点

46

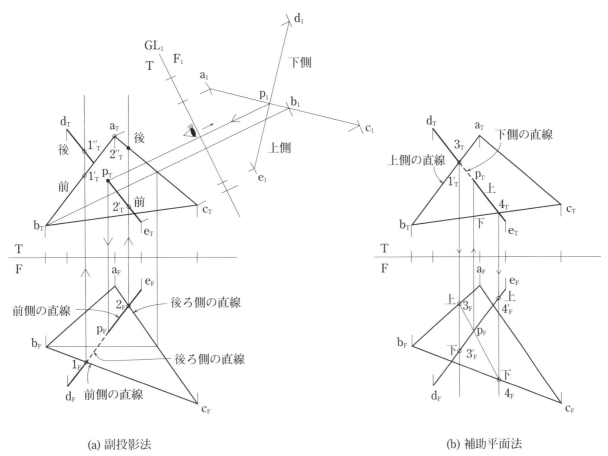

(a) 副投影法　　　　　　　　　　　　　　　　(b) 補助平面法

図 3.21　見える線，見えない線の判別法

形 ABC の交線 12 と直線 DE の交点より三角形 ABC と直線 DE の交点 P が求められる．

　図 3.20 では平面と交わる直線を太い実線で表している．ただし，見えない線は描いていない．見える線，見えない線の判別法を図 3.21 に示す．図 3.21 (a) において，副投影面 F_1 では副基線に近い方が上側なので，直線 EP は三角形 ABC の上側にあり，PD は下側にある．したがって上から見た平面図では EP は見えることがわかる．正面図において，$d_F e_F$ と $b_F c_F$ との交点を 1_F とすると，対応する平面図は $1'_T$，$1''_T$ となり，T 面上では基線に近い方が手前，遠い方が後ろにあることから，$a_T b_T$ 上の $1'_T$ が手前，$d_T e_T$ 上の $1''_T$ が後ろ側にあり，したがって正面図から見て $1_F p_F$ は見えないことがわかる．同様に，図 3.21 (b) において，$a_T b_T$ と $d_T e_T$ との交点 3_T を考えることによって平面図上の見える線，見えない線の判別ができる．

［二平面の交線］

　図 3.22 と図 3.23 に副投影法と補助平面法による 2 平面の交線の作図を示す．

　図 3.22 (a) に，2 つの三角形 ABC と DEF を示す．図 3.22 (b) は副投影法による解法を示す．三角形 ABC の A を通る水平線 AH の実長を副投影面 F_1 により点視する．F_1 上で三角形 ABC が直線視され，三角形 DEF の 2 辺 DE，DF との交点 Q，S を得る．Q 点，S 点を平面図，正面図にもどすと PQ が正味の交線となる．図 3.22 (c) は補助平面法による P 点の作

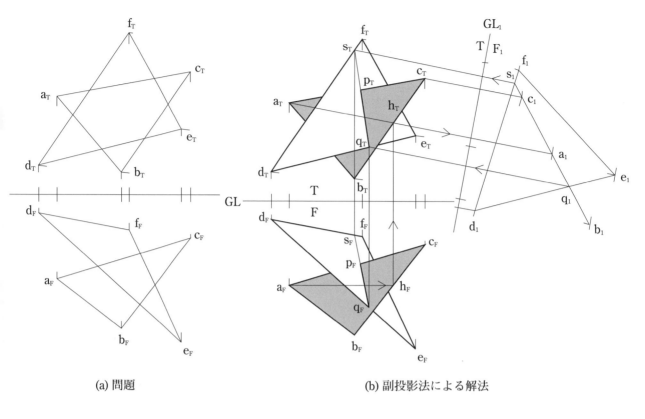

(a) 問題

(b) 副投影法による解法

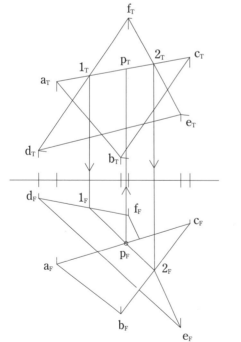

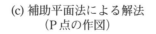

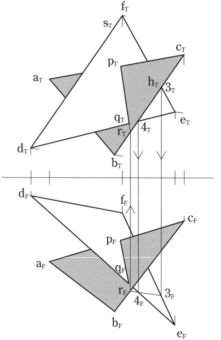

(c) 補助平面法による解法
（P点の作図）

(d) 補助平面法による解法
（Q点の作図）

図 3.22　二平面の交線（1）

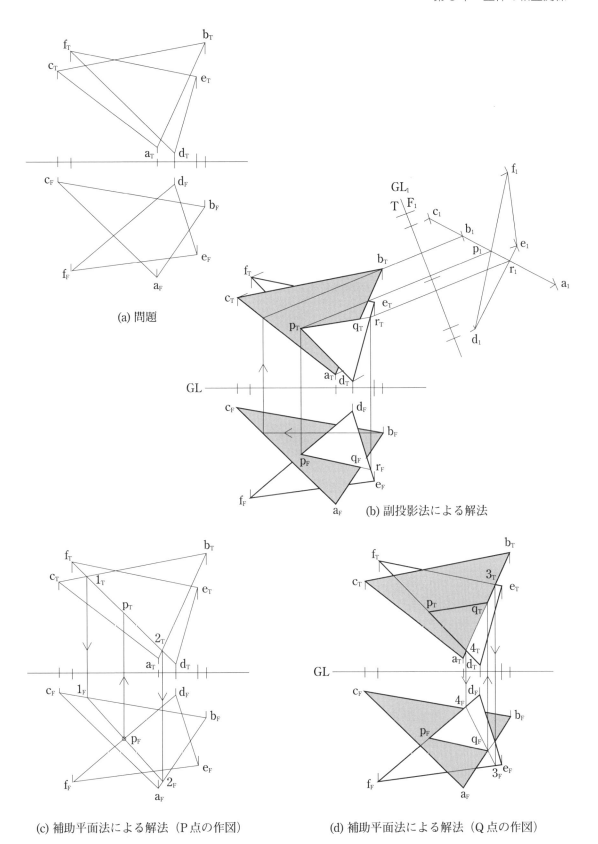

(a) 問題

(b) 副投影法による解法

(c) 補助平面法による解法（P点の作図）

(d) 補助平面法による解法（Q点の作図）

図 3.23　二平面の交線 (2)

図法を示す．直線 AC を含み，T 面に垂直な補助平面を考えると，補助平面と三角形 DEF との交線 12（ただし 1，2 は DF，EF 上にある）を得る．補助平面と AC との交線はもちろん AC である．上記 2 つの交線の交点として，直線 AC と三角形 DEF の交点 P が求められる．同様にして図 3.22（d）に示すように直線 DE と三角形 ABC の交点 Q を求めると，2 つの三角形の交線 PQ が求められる．

図 3.23（a）に，2 つの三角形 ABC と DEF を示す．図 3.23（b）は副投影法による解法を示す．三角形 ABC を，B を通る水平線を用いて直線視する．副投影面 F_1 上で，三角形 ABC の直線視と三角形 DEF の 2 辺 DF，DE との交点 P，R を求め，これを平面図，正面図に移して，交線 PR を得る．PQ が正味の交線となる．図 3.23（c）は補助平面法による P 点の作図法を示す．直線 DF を含み，T 面に垂直な補助平面を考えることによって，直線 DF と三角形 ABC の交点 P が求められる．同様にして図 3.23（d）に示すように直線 AB と三角形 DEF の交点 Q を求めると，2 つの三角形の交線 PQ が求められる．

3・4 立体の相互関係

3・4・1 切断 Section

立体と平面の交線を求めることを平面（切断面 Cutting Plane）による立体の切断，得られた交線を切断線 Cutting Line という．

切断線は立体の各稜と切断面との交点（切断点）を順次求めて，結んでゆけばよい．切断点は副投影法あるいは補助平面法のいずれかの方法で求めることができる．副投影法では切断面を直線視し，切断面と多面体の各稜あるいは錐面，柱面の各母線との交点を順次求める．補助平面法では立体の各稜，各母線を含む簡単な補助平面（F 面あるいは T 面に垂直な平面あるいは等高線等立体の構成要素に注目する）を考える．補助平面と立体の交線，補助平面と切断面の交線が容易に求められる場合，これら交線の交点として，補助平面上の立体の切断点が間接的に求められる．

［多面体の切断］

図 3.24 に三角錐 V–ABC の三角形 DEF による切断線の副投影法及び補助平面法による解法を示す．

各解法の手順は以下のとおりである．

副投影法では

①三角形 DEF の点 E を通る水平線 EH（H は DF 上）を点視する副投影面 F_1 を選ぶ．

②副投影面 F_1 上での切断面の直線視と三角錐の各稜との交点 p_1，q_1，r_1 を求める．

③交点 p_1，q_1，r_1 に対応する平面図上の交点 p_T，q_T，r_T を求める．

④交点 p_T，q_T，r_T に対応する正面図上の交点 p_F，q_F，r_F を求める．ただし，p_F は対応する副投影図上の p_1 より，T 面からの距離が等しいとして求められる．

⑤実際の切断線は三角形内の四角形 SRQT として求められる．正面図上の $r_F q_F$ は隠れ線である．

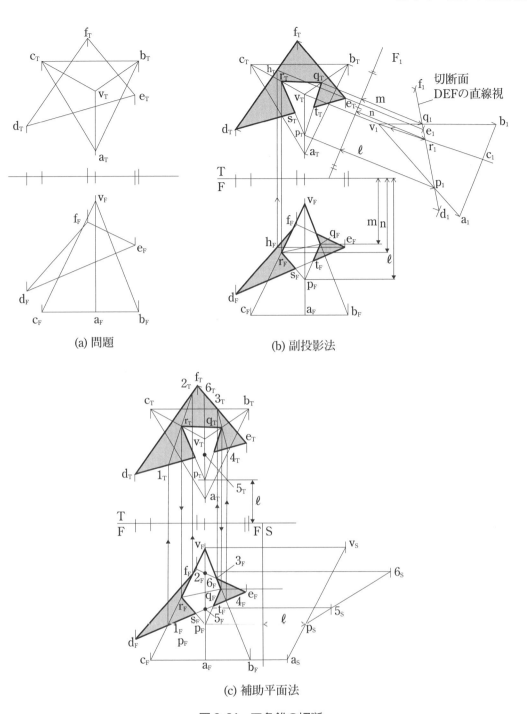

(a) 問題　　　　　　(b) 副投影法

(c) 補助平面法

図3.24　三角錐の切断

補助平面法では（図3.24（c））

　①三角錐の稜 VC を含み F 面に垂直な補助平面を考えると，補助平面と切断面の交線 12
　　（１は DE 上，２は DF 上の点）の正面図が $1_F 2_F$ として得られる．

　②$1_F 2_F$ に対応する平面図上の交線 $1_T 2_T$ と稜 $v_T c_T$ との交点 r_T，これを正面図に戻して r_F
　　を求めると，三角錐の稜 VC と切断面の交点 R が得られる．

③同様にして，三角錐の稜 VB を含み F 面に垂直な補助平面を考えると，補助平面と切断面の交線 34（3 は EF 上，4 は DE 上の点）が得られ，交線 34 と VB との交点から，三角錐の稜 VB と切断面の交点 Q が得られる．

④三角錐の稜 VA を含み F 面に垂直な補助平面を考えると，補助平面と切断面の交線 56（5 は DE 上，6 は EF 上の点）が得られるが，交線 56 と VA との交点 P は平面図上では得られず，側面図を利用することで得られる．すなわち，側面図 p_S より正面図 p_F を，対応点の F 面からの距離が等しいとして p_T が求められる．

⑤実際の切断線は三角形内の四角形 SRQT として求められる．正面図上の $r_F q_F$ は隠れ線である．

[円錐の切断]

図 3.25 に副投影法による円錐の切断の解法を示す．ここでは円錐の直線母線に注目し，直線母線の各々と切断面との交点を順次求めることを考えている．解法の手順は以下のとおりで

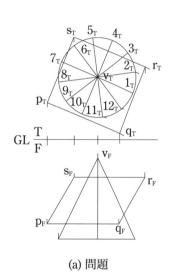

(a) 問題

(b) 円錐の母線の切断（切断点を求めるための副投影法）

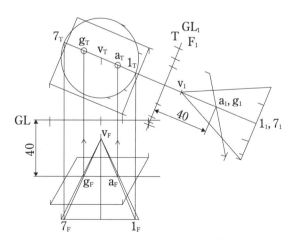

(c) T 面に垂直な円錐母線の切断

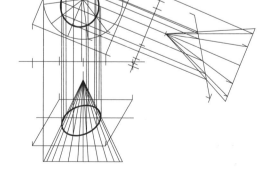

(d) 副投影法による円錐の切断線作図

図 3.25　円錐の切断（副投影法）

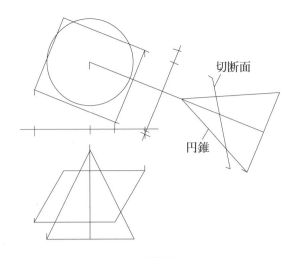

(a) 問題

切断面

円錐

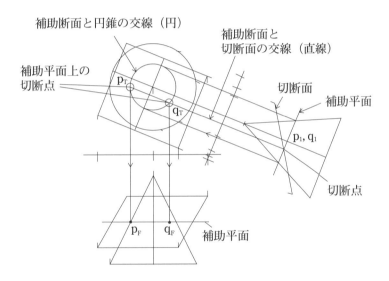

補助断面と円錐の交線（円）

補助断面と
切断面の交線（直線）

補助平面上の
切断点

切断面

補助平面

p_T

q_T

p_1, q_1

切断点

p_F q_F 補助平面

(b) 切断点を求めるための補助平面法

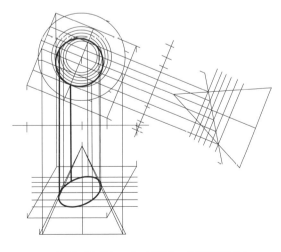

(c) 補助平面法による円錐の切断線作図

図 3.26　円錐の切断（補助平面法）

ある.

①図 3.25（a）に示すように，円錐の底円を 12 等分する 12 本の母線を考える.

②図 3.25（b）に一例として，母線 V8, V12 の切断点 H, I の求め方を示す. 副投影図 h_1, i_1 より平面図 h_T, i_T を，平面図 h_T, i_T より正面図 h_F, i_F を求めている.

③図 3.25（c）は特別な場合として，鉛直な母線 V1, V7 の切断点を求める方法を示す. T 面に隣接する対応点では T 面から同じ距離（40 mm 下）にあることから，副投影図 a_1, g_1 より正面図 a_F, g_F を求め，さらに対応する平面図上の点より a_T, g_T を求めている.

④12 本の全母線の切断点を求め，滑らかな曲線で結ぶことで，副投影法による円錐の切断線（実際には楕円となることが分かっている）が得られる.

　図 3.26 に補助平面法による円錐の切断の解法を示す. ここでは円錐の軸に垂直な補助平面（円となる）を考え，補助平面上の円錐（円）と切断面（直線）の交点として間接的に切断点を求める方法を示す. 解法の手順は以下のとおりである.

①図 3.26（b）に示すように，副投影面上で，軸に垂直な補助平面を考え，平面図上の補助平面と円錐の交線（円），補助平面と切断面の交線（直線）を求める.

②平面図上の 2 つの交線（円と直線）の交点として，補助平面上の切断点 p_T, q_T を求める. また対応点 p_F, q_F を求める.

③同様にして，切断点の最高点，最低点を求める.

④いくつかの補助平面上の切断点を求め，滑らかな曲線でつなぐと，補助平面法による円錐の切断線（楕円）が得られる.

3・4・2　相貫 Intersection

　立体と立体の交線を求めることを相貫，得られた交線を相貫線という.

　多面体の相貫線は一方の立体の稜が他方の立体の面を貫く点をそれぞれの立体について求め，これらを結べばよい. 柱面など全側面が一つの投影面で表される場合は副投影法が用いられるが，錐面など全側面が一つの投影面で表されない場合には母線を含む補助平面法が用いられる. 解法の手順は以下のとおりである.

［直線と立体の相貫］

　図 3.27 に立体と直線の相貫を示す. これらは立体と立体の相貫を求めるときの基本的な考え方を示すものである.

　図 3.27（a）は多面体の相貫の基礎となる平面と直線の交点を求める補助平面法を示す. 直線 LM を含み T 面に垂直な補助平面を考える. 補助平面と三角形 ABC の交線は QR で，直線 LM との交線はもちろん LM であるので，これら交線の交点として，相貫点 P が得られる.

　図 3.27（b）は立体と立体の相貫の基礎となる円錐と直線の交点を求める補助平面法を示す. 円錐の頂点と直線 LM（UW で代表）を含む補助平面を考える. 補助平面 VUW を円錐底面まで延長し VCD とする. 補助平面と円錐の交線は三角形 VAB で，直線 UW との交線はもちろん UW であるので，これら交線の交点として，相貫点 P, Q が得られる.

　図 3.27（c）は立体と立体の相貫の基礎となる円柱と直線の交点を求める補助平面法を示す.

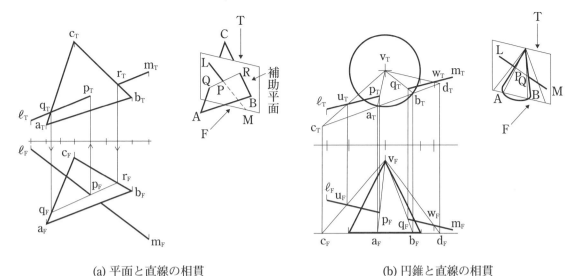

(a) 平面と直線の相貫　　　　　　(b) 円錐と直線の相貫

(c) 円柱と直線の相貫

図 3.27　立体と直線の相貫

直線の端点 L より円柱の軸に平行に引いた LC（C は底円上）と直線 LM を含む補助平面を考える．補助平面と円柱の交線は円柱の底円の A，B 点より円柱軸に平行な直線であり，直線LM との交線はもちろん LM である．従って，これら交線の交点として，相貫点 P，Q が得られる．

［多面体の相貫］

　図 3.28 に多面体である三角錐 V-ABC と三角柱 DEF-GHI の相貫を示す．解法の手順は下記の通りである．

　①図 3.28（b）に三角錐の稜が三角柱の面を貫く点の作図法を示す．副投影面 F_1 上で，三角柱の全側面が直線視されるので，三角錐の稜 VB が三角柱の 2 面を貫く点 4, 6，稜VA が三角柱の 2 面を貫く点 2, 7 が容易に求められる．

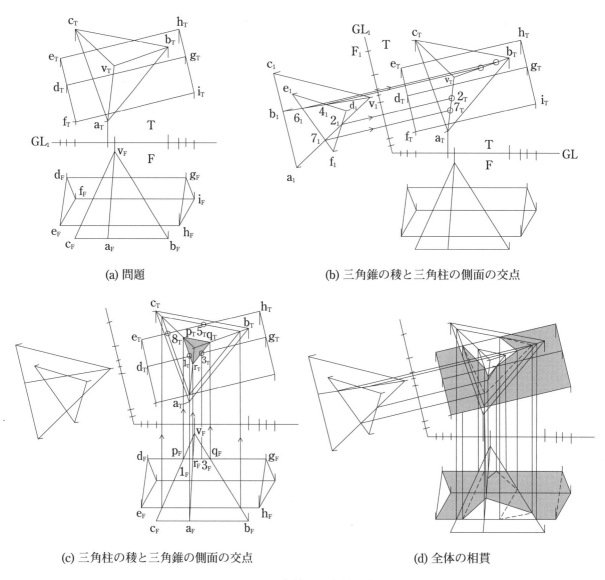

(a) 問題

(b) 三角錐の稜と三角柱の側面の交点

(c) 三角柱の稜と三角錐の側面の交点

(d) 全体の相貫

図 3.28　三角錐と三角柱の相貫

②図 3.28（c）に三角柱の稜が三角錐の面を貫く点の作図法を示す．三角柱の稜 DG を含みF 面に垂直な補助平面を考えると，F 面上に補助平面と三角錐の交線 PQR（P，Q，R は稜 VC，VB，VA 上の点）の正面図 $p_F q_F r_F$ が求められる．T 面上の交線 $p_T q_T r_T$ と $d_T g_T$ との交点として，DG が三角錐の 2 面を貫く点 1，3 が求められる．

③同様に三角柱の稜 EH を考えることによって，EH が三角錐の 2 面を貫く点 5，8 が求められる．

④以上に求めた相貫点を順次つなぐことによって，三角錐と三角柱の相貫線が求められる．

図 3.29 に三角柱 DEF-GHI と三角錐 V-ABC の相貫線の補助平面法による解法を示す．補助平面としては三角柱では母線に平行な平面，三角錐では頂点を通る平面を考えるが，いずれも底面の三角形との交点が重要になる．解法の手順を下記に示す．

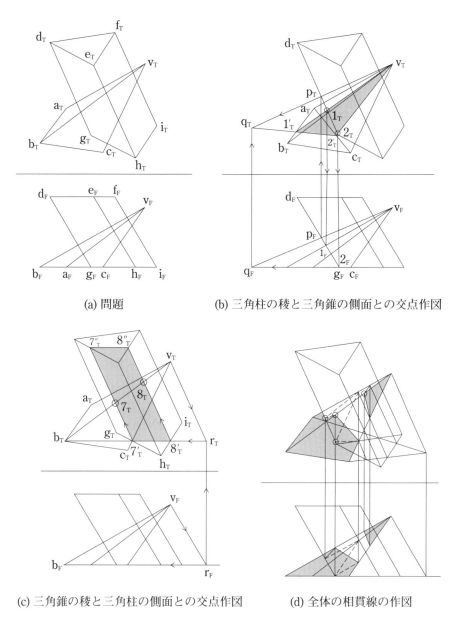

(a) 問題　　　　　　　　(b) 三角柱の稜と三角錐の側面との交点作図

(c) 三角錐の稜と三角柱の側面との交点作図　　(d) 全体の相貫線の作図

図3.29　三角柱と三角錐の相貫

①図3.29（b）に三角柱の稜 DG が三角錐の面を貫く点の作図法を示す．三角錐の頂点 V と三角柱の稜 DG（PG で代表させる）から成る補助平面 VPG を考える．補助平面 VPG を底面まで延長し VQG とする．底面上で，補助平面の底辺 $q_T g_T$ と三角錐の底面 $a_T b_T c_T$ との交点を $1'_T$, $2'_T$ とすると，$v_T 1'_T$, $v_T 2'_T$ が補助平面と三角錐の交線となる．これらの交線 $v_T 1'_T$, $v_T 2'_T$ と三角柱の母線 $d_T g_T$ との交点 1_T, 2_T が三角柱の稜 DG と三角柱の面との相貫点 1, 2 となる．

②図3.29（c）に三角錐の稜 VB が三角柱の面を貫く点の作図法を示す．三角錐の稜 VB と頂点 V を通り三角柱の稜に平行な直線 VR（R は底面上）を2辺とする補助平面を考える．底面上で，補助平面の底辺 $b_T r_T$ と三角柱の底面 $g_T h_T i_T$ との交点を $7'_T$, $8'_T$ とす

ると，$7'_T 7''_T$，$8'_T 8''_T$ が補助平面と三角柱の交線となる．この交線と $v_T b_T$ との交点 7_T，8_T が三角錐の稜 VB が三角柱の面を貫く点となる．

③以上に求めた相貫点を順次つなぐことによって，図 3.29 (d) に示す三角錐と三角柱の相貫線となる．

［同一球に外接する円柱，円錐の相貫］

　　図 3.30，図 3.31 に示すように同一球に外接する円柱，円錐の相貫は平面曲線となる．

　　図 3.30 (a) に示すように，同一球に外接する円管を 45° の方向に切断すると考える（切断面は楕円となる）．切断面の右側部分を 180° 回転させると考えることによって，図 3.30 (b) の十字管，図 3.30 (c) の T 字管，図 3.30 (d) の L 字管が得られる．

　　図 3.31 (a) に示すように，同一球に外接する円錐を 45° の方向に切断すると考える（切断面は楕円となる）．切断面の上側部分を対称に反転させると考えることによって，図 3.31 (b) の 2 つの同一形状の円錐の相貫が得られる．図 3.31 (c) に同一球に外接する円錐と円柱の相貫を，図 3.31 (d) に同一球に外接する 2 つの円錐（ただし頂角は異なる）相貫を示す．いずれの場合でも相貫線は平面曲線（楕円）となる．

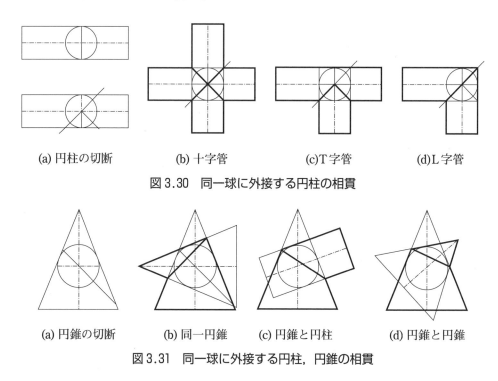

(a) 円柱の切断　　　　(b) 十字管　　　　(c)T 字管　　　　(d)L 字管

図 3.30　同一球に外接する円柱の相貫

(a) 円錐の切断　　　　(b) 同一円錐　　　　(c) 円錐と円柱　　　　(d) 円錐と円錐

図 3.31　同一球に外接する円柱，円錐の相貫

［円柱と円錐の相貫］

　　円柱と円錐の相貫では一方の立体のいくつかの母線と他方の立体の側面との交点を順次求めて行く．解法は主に補助平面法（円柱では軸に平行な平面が，円錐では頂点を通る平面あるいは軸に直角な平面が用いられる）による．図 3.32 に直立円錐と水平円柱の相貫を示す．この場合の補助平面としては円錐の頂点と円柱の軸に平行な直線からなる補助平面を考える．解法の手順は以下のとおりである．

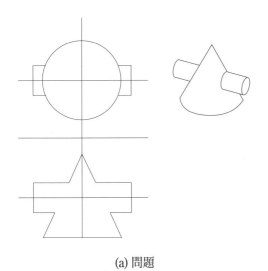

(a) 問題

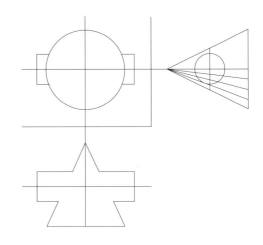

(b) 円錐の頂点を通り円柱の軸に平行な補助平面

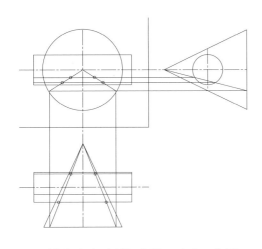

(c) 補助平面と円錐、円柱の交点の作図

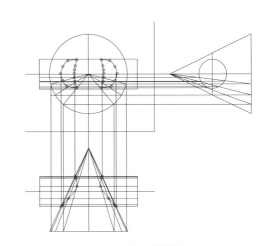

(d) 全体の相貫線

図 3.32　直立円錐と水平円柱の相貫

① 図 3.32（a）に問題を示す．図 3.32（b）に示すように，側面図を考えると，円柱は円に直線視される．

② 図 3.32（b）に示すように，円錐の頂点を通り，円柱の軸に平行な直線を含む補助平面を考えると，

③ 図 3.32（c）に示すように，補助平面と円柱との交線は円柱の 2 本の母線からなる長方形となり，補助平面と円錐との交線は円錐の頂点を通る 2 本の母線からなる三角形となる．それら 2 つの交線の交点として，補助平面上の相貫点が得られる．

④いくつかの相貫点を滑らかな曲線でつなぎ，全体の相貫線が得られる．

3・4・3 陰影 Shade and Shadow

[物体の陰影]

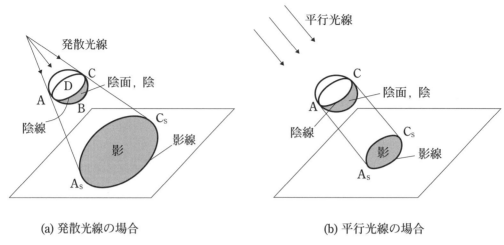

(a) 発散光線の場合　　　　　(b) 平行光線の場合

図 3.33　物体の陰影

　図 3.33 に物体に陰影のできる状況（図 3.33（a）は発散光線の場合，図 3.33（b）は平行光線の場合）を示す．物体（球）の裏側の光が当たらない部分を陰 Shade，その境界を陰線 Shade Line という．また物体の後ろの平面の光の当たらない部分を影 Shadow，その境界を影線 Shadow Line という．

　平面上にできる影について発散光線の場合は包絡錐面を，平行光線の場合は包絡柱面を，それぞれ平面で切断した切断図となる．他の立体上に影ができる場合は，包絡錐面や包絡柱面と立体との相貫線となる．

[規準光線]

　発散光線では光源の位置を，平行光線の場合はその方向を矢印で与える．陰影の問題では通常図 3.34 に示す規準光線（T 面上では r_T な F 面上では r_F に平行な光線群）が用いられる．

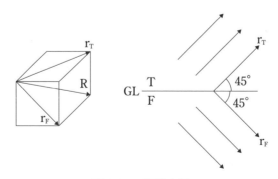

図 3.34　規準光線

[平面上に置かれた円錐の陰影（後方に直方体がある場合）]

　図 3.35（a）に円錐とその後ろに置いた直方体の陰影を示す．

図 3.35（b）は円錐と直方体がそれぞれ単独に存在すると考えたときの陰線と投影面上にでき

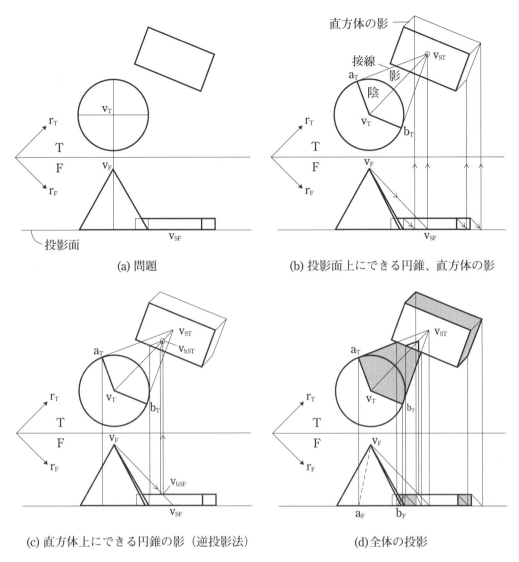

(a) 問題

(b) 投影面上にできる円錐、直方体の影

(c) 直方体上にできる円錐の影（逆投影法）

(d)全体の投影

図 3.35　円錐とその後ろに置いた直方体の陰影

る影線の作図法を示す．円錐の影は円錐の頂点の影がわかればよい．この場合

円錐の頂点 V を通る光線に着目→光線が投影面とぶつかる点 v_S が円錐の頂点の影となる．

→ T，F 面上で v_T，v_F のそれぞれを通り r_T，r_F に平行な直線が投影面とぶつかる点 v_S として
求められる．

　円錐の頂点 V の投射点 v_S が求められると，円錐の底円に接線を引くことにより，円錐の水
平面上の影線 $v_{ST}a_T$，$v_{ST}b_T$ が求められる．

図 3.35（c）に直方体上にできる円錐の影の作図法を示す．頂点を通る光線が直方体とぶつか
る点（すなわち高さ h の投影面上の投射点）v_{hs} が直方体上にできる円錐の頂点の影となる．

次に水平面上 v_{AST} から $v_{ST}a_T$，$v_{ST}b_T$ に平行線を引けば，h 面上の円錐の影線が求められる．

図 3.35（d）に全体の陰影を示す．

[三角形面上にできる直線の影]

図 3.36 に三角形とその手前に置いた直線の陰影の作図法を示す．三角形面上にできる直線の影は，直線を通る光線が三角形に当たるところにできるすなわち直線の影に向かう光線を逆に三角形まで投射すればよい．これを《逆投射法》という．作図の手順は下記の通りである．

《逆投射法》

①図 3.36（a）に問題を示す．図 3.36（b）に示すように，投影面上への直線 LM 単独の影 $l_{S1T}m_{S1T}$ 及び三角形 ABC 単独の影 $a_{ST}b_Tc_{ST}$ を求める．

②図 3.36（c）に示すように，三角形の 2 辺 AB，BC の影と直線 LM（延長）の影の交点 f_{S1T}，g_{S1T} を求める．

③f_{S1T}，g_{S1T} を a_Tb_T，b_Tc_T 上に逆投射して f_{S2T}，g_{S2T} を求める．

④$f_{S2T}g_{S2T}$ と m_Tm_{S1T} との交点を m_{S2T} とすると，$f_{S2T}m_{S2T}$ が三角形面上への直線 LM の影となる．

⑤図 3.36（d）に全体の陰影を示す．

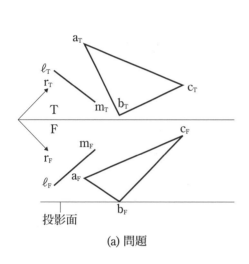

(a) 問題

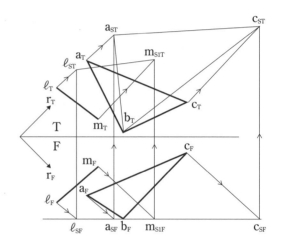

(b) 投影面上にできる直線、三角形の影

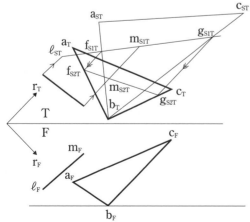

(c) 三角形面上にできる直線の影（逆投射法）

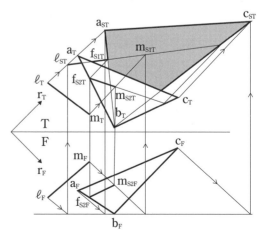

(d) 全体の投影

図 3.36　三角形とその手前に置いた直線の陰影

[直線と四角錐の陰影]

図3.37に四角錐とその手前に置いた直線の陰影の作図法を示す.

①図 3.37（b）に投影面上への直線 LM の影 $l_{ST}m_{S1T}$ 及び四角錐 V-ABCD の影 V_{ST}-$a_T b_T c_T d_T$ を求める.

②図 3.37（c）に示すように，四角形の 2 つの稜 VA，VB の影と直線 LM（延長）の影の交点 f_{S1T}，g_{S1T} を求める．f_{S1T}，g_{S1T} を $v_T a_T$，$v_T b_T$ 上に逆投射して f_{S2T}，g_{S2T} を求める.

③$f_{S2T}m_{S2T}$ が三角形面上への直線 LM の影となる.

④図 3.37（d）に全体の陰影を示す.

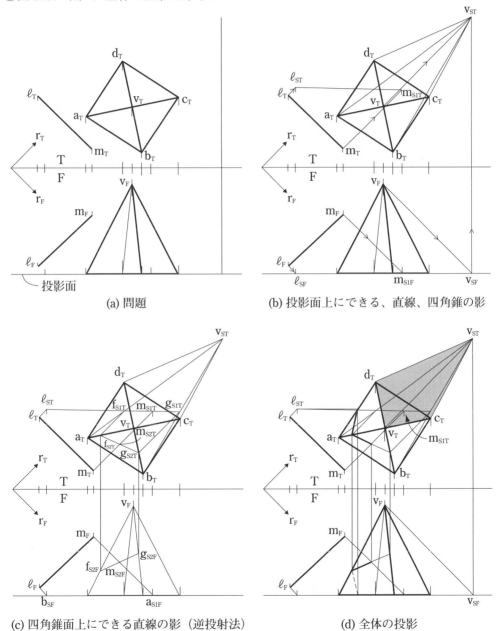

(a) 問題

(b) 投影面上にできる、直線、四角錐の影

(c) 四角錐面上にできる直線の影（逆投射法）

(d) 全体の投影

図 3.37　四角錐とその手前に置いた直線の陰影

3・4・4　展開 Develop

　立体の表面を一平面上に広げることを展開 Develop，広げた図を展開図 Development という．展開図では展開する立体の稜や面はすべて実形である必要がある．多面体はすべて展開可能であり，曲面体でも錐面，柱面は展開可能である．その他の曲面体は近似的に展開可能である．なお展開は下記のいずれかの方法で行われる．

　展開方法

（1）平行展開…円柱，角柱

（2）放射展開…円錐，角錐

（3）三角形展開…角柱と円柱の接続部

（4）近似展開…回転曲面

［多面体の展開］

　多面体はすべて展開可能である．多面体各面の実形図を求める必要がある．**図 3.38** に三角錐の展開を例に実長線図の説明を示す．図 3.38（a）に示すように，三角錐の頂点 V より底面に垂線を下し，その足を O とすると図 3.38（b）に示すように 3 つの直角三角形ができ，それぞれの直角三角形の斜辺が三角錐の稜の実長である．図 3.38（c）に三角錐の正投影図を示す．

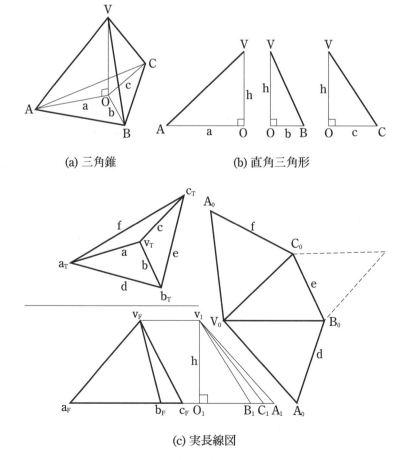

(a) 三角錐　　　　　　　(b) 直角三角形

(c) 実長線図

図 3.38　三角錐の展開―実長線図

三角錐の高さ h は正面図に，点 O と底辺の各頂点との距離 a，b，c は平面図に表れている．これらの寸法をもとに，図 3.38（b）の直角三角形をまとめたものを実長線図という．実長線図より，三角錐の各稜の実長が分かる．また三角錐の底辺の実長は平面図に表れている．そこで，これらの寸法をもとに，三角錐側面の展開図を描くことができる．

［平行展開］

　三角柱や円柱などの柱面では母線が軸に平行であるすなわち各母線はお互いに平行であるので，平行に展開できる．**図 3.39** に切断した三角柱の側面の展開を示す．先ず平面図より，3 本の母線間の距離がわかるので，これより切断前の三角柱の側面の展開図が作図される．次に正面図より，三本の母線の切断高さがわかるので，これを展開図に移して，切断した三角柱の側面の展開図が求められる．

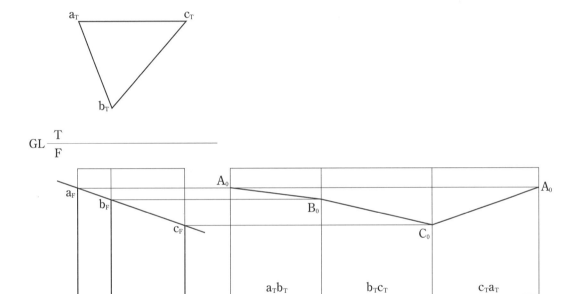

図 3.39　切断した三角柱の展開

　図 3.40 に切断した円柱の側面の展開を示す．円柱の展開では，円周を 12 等分した 12 本の母線を考える．

平面図上で，作図により，円周長の近似値を求める．これを展開図に移し，直円柱の側面の展開図が得られる．この円周長の 12 等分作図を行うと，展開図上での 12 本の母線が引ける．次に正面図より，12 本の母線の切断高さがわかるので，これを展開図に移して，切断した円柱の側面の展開図が求められる．

［放射展開］

　三角錐や円錐などの錐面では母線が頂点を通るすなわち相隣る母線は平面（三角形）であるので，放射状に展開できる．**図 3.41** に切断した三角錐の側面の展開を示す．三角錐の高さ h は正面図に，v_T と底辺の各頂点 a_T，b_T，c_T との距離は平面図に表れていることから，実長線図が得られる．実長線図より，三角錐の各稜の実長が分かる．また三角錐の底辺の実長は平面

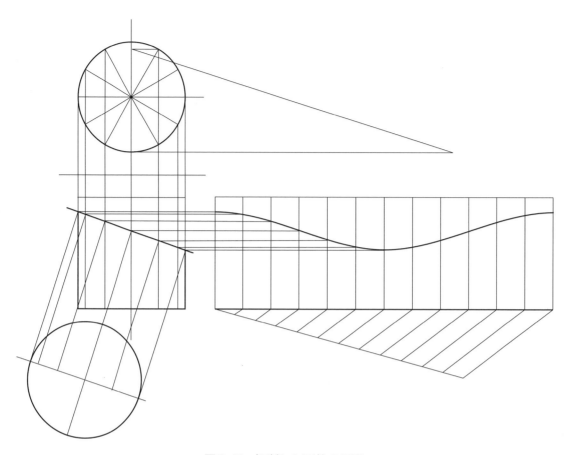

図 3.40　切断した円柱の展開

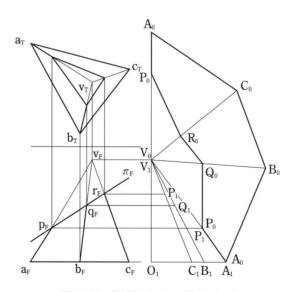

図 3.41　切断した三角錐の展開

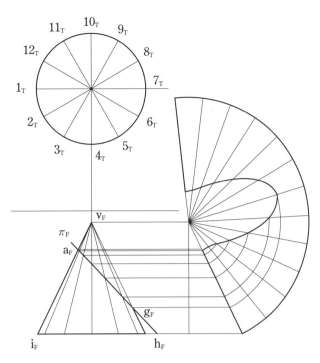

図 3.42　切断した円錐の展開

図に表れている．そこで，これらの寸法をもとに，三角錐側面の展開図を描くことができる．また実長線図より，3 本の母線の切断高さがわかるので，これを展開図に移して，切断した三角錐の側面の展開図が求められる．

　図 3.42 に切断した円錐の側面の展開を示す．円錐の展開では，円錐の底円を 12 等分した 12 本の母線を考える．平面図上で，相隣る母線間の底円上の円周長さ（円弧長さ）を直線（弦の長さ）で近似する．これを円錐の母線を半径とする円周上に 12 個取って，直円錐の側面の展開図と 12 本の母線が引ける．次に実長線図より，12 本の母線の切断高さがわかるので，これを展開図に移して，切断した円錐の側面の展開図が求められる．

[三角形展開]

　平行展開や放射展開のできない一般的な曲面の場合には近似的に多数の三角形要素に分割し，展開を行う．このような展開法を三角形展開法という．**図 3.43**（a）に示す円管 P-Q-R-S と正方形管 A-B-C-D の接続部の展開を考える．図 3.43（b）に示すように，まず接続部の 1/4 である側面 PABQ の展開を考える．PAB は点 P と直線 AB でできている平面であり，BPQ は斜円錐の一部である．平面図において，PQ 間を 3 等分し，曲面 BPQ を 3 つの三角形で近似する．次に実長線図を作成することにより，BP，B1，B2，BQ の実長が求められる．

　図 3.43（c）に示すように，平面図における円弧 P1，12，2Q の実長を弦 p_T1_T，1_T2_T，2_Tq_T の長さで近似すると三角形 ABP，PB1，1B2，2BQ のすべての実長がわかることになり，接続部の 1/4 である側面 PABQ の展開 $P_0A_0B_0Q_0$ ができる．これより接続部の全側面の展開ができる．

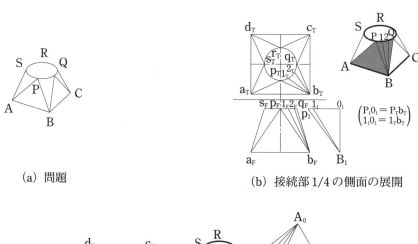

(a) 問題

(b) 接続部 1/4 の側面の展開

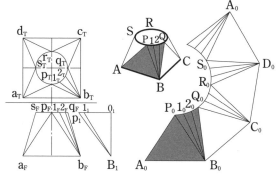

(c) 接続部全側面の展開

図 3.43　円管と正方形管の接続部の展開

［近似展開］

　母線がある軸のまわりを回転して作られる回転面 Surface of Revolution の展開には 2 つの近似的な方法が用いられる．一つは軸を含む平面で小片に分割し，分割された小片を柱面の一部とみなして平行展開する方法であり，他は軸に垂直な平面で輪切りに分割し，分割した帯状小片を円錐台面の一部とみなして放射展開する方法である．前者を経線法 Meridian method，後者を緯円法 Zone method という．

　図 3.44 に円環の経線法による展開を示す．図 3.44（a）は厚紙で作った円環の完成模型を示す．図 3.44（b）は円環の正投影図であり，円環を 12 等分し，各部を直円柱（半径は正面図に，長さは平面図に表されている）の一部と見なして展開を考える．図 3.44（c）は図 3.44（b）の直円柱を 12 角柱と考えて平行展開したものである．

　図 3.45 に球の経線法による展開を示す．図 3.45（a）は厚紙で作った球の完成模型を示す．図 3.45（b）は球の正投影図であり，球を経線により 12 の小片に分割し，各小片を球の直円柱（半径は正面図に，長さは平面図に表されている）の一部と見なして展開を考える．図 3.45（c）は図 3.45（b）の直円柱を 12 角柱と考えて平行展開したものである．

(a) 円環の厚紙模型

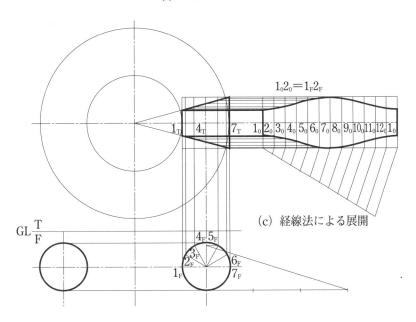

$1_0 2_0 = 1_F 2_F$

1_T 4_T 7_T 1_0 2_0 3_0 4_0 5_0 6_0 7_0 8_0 9_0 10_0 11_0 12_0 1_0

(c) 経線法による展開

GL $\dfrac{T}{F}$

4_F 5_F

2_F 3_F 6_F

1_F 7_F

(b) 円環の正投影図

図 3.44　円環の展開

(a)球の厚紙模型

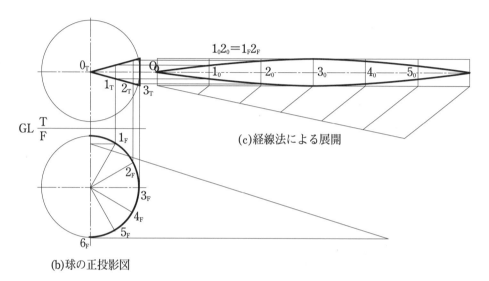

$1_0 2_0 = 1_F 2_F$

(c)経線法による展開

GL $\dfrac{T}{F}$

(b)球の正投影図

図 3.45 球の展開

第4章 製図

製図では3次元の立体を2次元の図面（3面図）として理解する必要がある．そのためには，立体と3面図との対応関係がいつでもつけられるような訓練が必要である．これに対しては，プラスティックや紙による立体模型あるいは3次元CADの立体図の利用が有効である．

4・1 立体から6面図の作図

図4.1に立体（a）とそれを第3角法（正投影）で描いた6面図（b）を示す（矢の方向から見た図を正面図としている）．（b）の投影図は同じ平面上に描かれているが，実際にはすべて直交する投影面への投影図であることを理解する必要がある．すなわち隣接する投影図については，投影図間の直線（基線）で直角に折り曲げてみると，基線に直角に対応することが分かる．なお，製図では通常，基線は描かない．

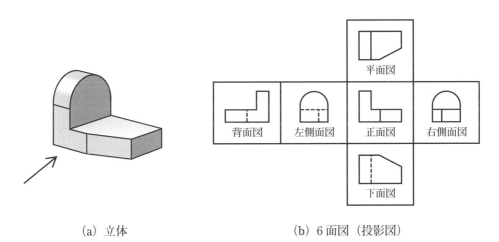

(a) 立体	(b) 6面図（投影図）

図 4.1　立体とその6面図

4・2 第3角法の国際図記号

図4.2（c）に第3角法の国際図記号を示す．これは（a）に示すように配置したテーパのあるコルクの栓を矢の方向から見た図を正面図とし，左側面図を配置したものである．

（a）のコルクの栓を（b）に示すように，左側から見ると前の小さい円と後ろの大きい円が直接見えるので，これらを実線で描ける．他方，右から見ると後ろの小さい円が隠れて破線となる．製図ではできる限り破線を避ける方がよいので，第3角法の国際図記号として左側面図を採用している．

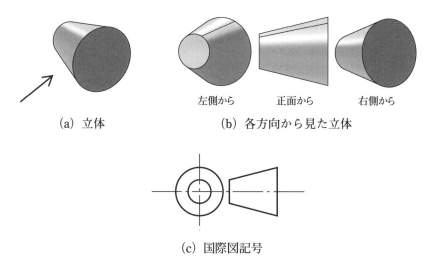

左側から   正面から   右側から

(a) 立体   (b) 各方向から見た立体

(c) 国際図記号

図4.2　第3角法の国際図記号

　投影図から立体図を作成するにはボックス法を用いた等測図あるいはカバエリ投影が便利である. ボックス法とは, 等測図の場合を例にとると, 斜眼紙（無い場合には薄い線で左右30°の方向と縦線を同一目盛りで等間隔の小枠を投影図の高さ, 幅, 奥行きの数だけ作る）を用いて立方体をつくり, 各面上にすべての投影図を書き入れる. 次に順次, 各投影図に対応した欠如部分を削除していき, 最終的に目的の立体を得る方法である.

　例として, **図4.3**に示す3面図から立体図（等測図）を作図する要領を説明する.

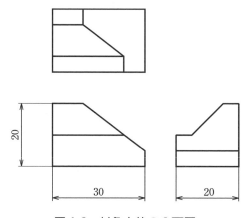

図4.3　対象立体の3面図

① 立体を包む直方体をかく.
② その面上にすべての面の投影図をやや薄い線で書き入れる.
③ 正面図から右上隅が無いことがわかるので, 右上隅の斜めの線に対応する部分を濃い線で斜めにカットする.

④ さらに右側面図より手前上方の部分が無いことがわかるので，濃い線で折れ曲がった平面
　部分をカットする．

⑤ 実際には③，④を同一直方体上に書く．

⑥ 無い部分をカットすると最終的な立体あるいは見取り図（等測図）が得られる．

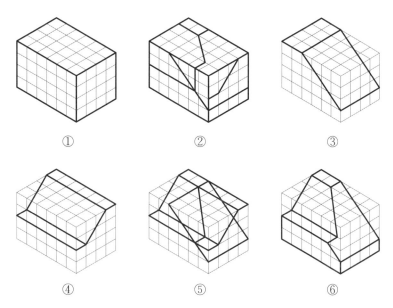

図4.4　ボックス法による立体（等測図）の作図手順

4・4 製図法

4・4・1 製図の目的

　製品の製作は図面を介して行われる．したがって製図と読図の能力は技術者として必要不可欠である．図面には情報の伝達，情報の保存，思考の手段という3つの役割があり，このような図面の具備すべき条件として国際性，汎用性，大衆性，一義性，高度化，近代化，最適化が挙げられている．近年特に重要になっているのが，製図の国際化であり，国際規格の動向には常に注意を払う必要がある．またコンピュータの導入により，コンピュータ援用設計（Computer Aided Design, CAD），コンピュータ援用生産（Computer Aided Manufacturing, CAM），コンピュータ統合生産（Computer Integrated Manufacturing, CIM）と製図の高度化は急速に進んでいる．

　製図総則 JIS Z 8310-2010 では『製図の目的は図面作成者の意図を，図面使用者に確実かつ容易に伝達することにある．さらに，その図面に示す情報の保存・検索・利用が確実に行えることを期待している．』とまとめられている．このため製図では正確，明瞭，完全の3つの条件を満たす必要がある．ここで完全とは言葉を用いないこと，すなわち言葉で補足しなくても図面の中にすべての情報が描かれていることを意味している．

4・4・2 製図規格の体系

ほとんどの製品は一定の約束（規格）にもとづき製作される．規格により，製品の互換性が保たれ，技術の水準が維持される．規格には小は社内規格から大は国家規格，国際規格まで，それぞれの段階がある．設計者は常に日本の国家規格である日本産業規格（Japanese Industrial Standard, JIS）を参照し，国際規格である国際標準化機構（International Organization for Standardization, ISO）の動向に気を配る必要がある．

製図規格は製図総則を中心に体系化されている．製図総則は製図法の総則を定めたもので（その各章はそれぞれ独立した規格になっている），これが部門ごとの製図規格に，さらに製品ごとの製図規格へと細分化されている．また近年のCADに対応して，CAD用語，CAD機械製図の製図規格が各相次いで制定されている．

以下，JIS B 0001：2019 の機械製図をもとに製図法を概説する．

4・5 製図法各論

4・5・1 製図図面の特徴

製図では図面上に形状，寸法，加工法，仕上精度（市販品はかかない）がかかれ，表題欄，部品表に投影法，尺度，材料，加工工程，図面番号（図面管理のため）が書かれ，製作に必要なすべての情報が与えられている．このように様々な工夫により，形状，寸法の他，必要十分な事項が網羅されていること，また図法が簡略化されることが製図図面の大きな特徴となっている．不必要なことは書かない，誤解を招かない範囲内で極力省略，簡略化するという合理的精神が随所に見られ，これが製図法理解の大きな鍵ともなっている．

4・5・2 図面の大きさ

製図では A0-A4 の 5 つのサイズ，およびこれらの延長サイズが用いられる．なお，どのサイズでも図面の縦と横の寸法比は $1:\sqrt{2}$ で，A0 サイズの面積は約 $1\,\mathrm{m}^2$ で，A0 を 2 つ折りにしたサイズ（半分）が A1，A1 の半分が A2，A2 の半分が A3，A3 の半分が A4 となっている（**表**4.1）．図面は A3 以上では長手方向を左右に置く．

表4.1　図面の大きさ（A列サイズ，第1優先）

単位 mm

呼び方	寸法・形状（a×b）
A0	841×1189
A1	594×841
A2	420×594
A3	297×420
A4	210×297

4・5・3　図面の様式

　図面の端が破損した場合を考えて，端から一定の距離を置いて太い実線で枠を書く．また図面の中心を示すため，枠外に太い実線で用紙の中心を示す線（中心図記号）を引く．枠内の右下隅に表題欄，部品表を設ける．表題欄には図番，図名，製図者，製図年月日，尺度，投影法を，部品表には照合番号，名称，材質，個数，重量，工程などを記入する．

4・5・4　図形の尺度

　図形を寸法どおりの大きさで描くのが現尺で，尺度1：1と表す．図形を寸法の何倍かに拡大して描くのが倍尺で，たとえば2倍の場合，尺度2：1と表す．逆に縮小する場合が縮尺で1：2倍の場合，尺度1：2と表す．いずれの場合も寸法数値は変えてはならない．なお，表題欄中で尺度1：1（2：1，1：2）とかく場合があるが，これは図面内で2：1と1：2で指定したところがあり，それ以外はすべて尺度1：1で描かれていることを意味している．

4・5・5　製図に用いる線

1）線の太さの基準は0.13 mm，0.18 mm，0.25 mm，0.35 mm，0.5 mm，0.7 mm，1 mm，1.4 mmおよび2 mmの9種である．これらの数値は誘導系列R20/3の標準数になっている．標準数とはJIS Z 8601で規定されている等比数列である．工業標準化，設計などにおいて，数値を定める場合にこの標準数から選ぶように規定されている．

2）線の太さは細線，太線，極太線の3種（太さの比率は1：2：4）であるが，通常は細線と太線が使用される（極太線は薄肉部の断面部に用いられるだけである）．

3）線の種類は実線，破線（点線とは異なる），一点鎖線，二点鎖線の4種である．

4・5・6　数字の高さの基準

　数字の高さは2.5，3.5，5，7，10 mm（誘導系列R20/3の標準数使用）の5種である．

4・5・7　線の用法

　製図では線の太さと種類により種々の用法を定めている．**表4.2**に線の用法を，**図4.5**に線の用法の図例と対象立体のCADによる見取り図を示す．ただし，ミシン目線，連結線，パイプライン，配線，囲い込み線は除いている．

　線の用法で留意すべき諸点を次に挙げると，

1）見える部分の形状を表す外形線には太い実線を用いる．

2）見えない部分の形状を表すかくれ線には細い破線または太い破線を用いる．

3）図形の中心を表す中心線には細い一点鎖線（簡略には細い実線）を用いる．

4）切り口の断面を90度回転して表すのに用いる回転断面線には細い実線を用いる．

5）隣接部分，工具位置，稼働部分，加工前後形状，断面手前部分表示等に用いる想像線には細い二点鎖線を用いる（**図4.6**）．

6）特殊な加工部分を表示する特殊指定線には太い一点鎖線を用いる（**図4.7**）．

表4.2　線の種類および用途

用途による名称	線の種類[6]		線の用途	図3の照合番号
外 形 線	太い実線	▬▬▬▬▬	対象物の見える部分の形状を表すのに用いる.	1.1
寸 法 線	細い実線	────────	寸法を記入するのに用いる.	2.1
寸 法 補 助 線			寸法を記入するために図形から引き出すのに用いる.	2.2
引 出 線			記述・記号などを示すために引き出すのに用いる.	2.3
回 転 断 面 線			図形内にその部分の切り口を90度回転して表すのに用いる.	2.4
中 心 線			図形に中心線（4.1）を簡略に表すのに用いる.	2.5
水 準 面 線[4]			水面，液面などの位置を表すのに用いる.	2.6
か く れ 線	細い破線又は太い破線	── ── ──	対象物の見えない部分の形状を表すのに用いる.	3.1
中 心 線	細い一点鎖線	─ ･ ─ ･ ─ ･ ─	a）図形の中心を表すのに用いる. b）中心が移動する中心軌道跡を表すのに用いる.	4.1 4.2
基 準 線			特に位置決定のよりどころであることを明示するのに用いる.	4.3
ピ ッ チ 線			繰返し図形のピッチをとる基準を表すのに用いる.	4.4
特 殊 指 定 線	太い一点鎖線	▬ ･ ▬ ･ ▬	特殊な加工を施す部分等を特別な要求事項を適用すべき範囲を表すのに用いる.	5.1
想 像 線[5]	細い二点鎖線	─ ･･ ─ ･･ ─	a）隣接部分を参考に表すのに用いる. b）工具，ジグなどの位置を参考に示すのに用いる. c）可動部分を，移動中の特定の位置又は移動の限界の位置で表すのに用いる. d）加工前又は加工後の形状を表すのに用いる. e）図示された断面の手前にある部分を表すのに用いる.	6.1 6.2 6.3 6.4 6.5
重 心 線			断面の重心を連ねた線を表すのに用いる.	6.6
破 断 線	不規則な波形の細い実線又はジグザグ線	∿∿∿	対象物の一部を破った境界，又は一部を取り去った境界を表すのに用いる.	7.1
切 断 線	細い一点鎖線で，端部及び方向の変わる部分を太くしたもの[7]		断面図を描く場合，その断面位置を対応する図に表すのに用いる.	8.1
ハ ッ チ ン グ	細い実線で，規則的に並べたもの	/////	図形の限定された特定の部分を他の部分と区別するのに用いる．例えば，断面図の切り口を示す.	9.1
特殊な用途の線	細い実線	────────	a）外形線及びかくれ線の延長を表すのに用いる. b）平面であることを示すのに用いる. c）位置を明示又は説明するのに用いる.	10.1 10.2 10.3
	極太の実線	▬▬▬▬	薄肉部の単線図示を明示するのに用いる.	11.1

注　(4) JIS Z 8316 には，規定されていない.
　　(5) 想像線は，投影法上では図形に現れないが，便宜上必要な形状を示すのに用いる．また，機能上・工作上の理解を助けるために，図形を補助的に示すためにも用いる.
　　(6) その他の線の種類は，JIS Z 8312 によるのがよい.
　　(7) 他の用途と混用のおそれがないときは，端部及び方向の変わる部分を太くする必要はない.
備考　細線，太線及び極太線の線の太さの比率は，1：2：4とする.

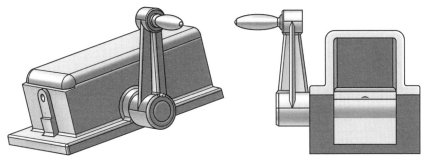

①レバーを左手前から見た場合　　②レバーを右横から見た場合

(a) 対象立体の見取り図（2方向から見た立体）

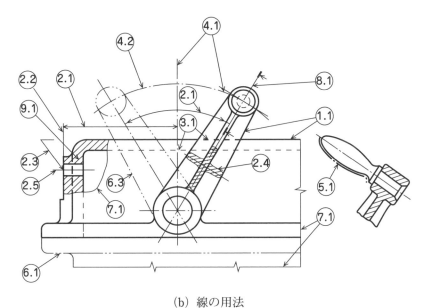

(b) 線の用法

図 4.5　線の用法の図例

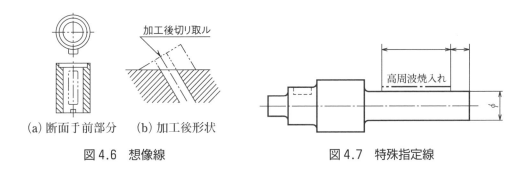

加工後切り取ル

(a) 断面手前部分　(b) 加工後形状

図 4.6　想像線

高周波焼入れ

図 4.7　特殊指定線

7）破断線にはフリーハンドの細い実線またはジグザグ線を用いる.

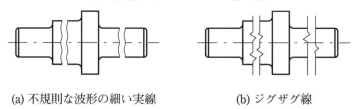

(a) 不規則な波形の細い実線 　　　　(b) ジグザグ線

図4.8　破断線

4・6 投影法

　機械製図は第3角法によることが規定されており，基本的には3主投影図（正面図，平面図，側面図のいわゆる3面図）により図形を表わすことができる.　なお正面図には対象物の形状・機能を最も明瞭に表す面を選ぶ（バスでは横から見た図が，飛行機では上から見た図が正面図となる）.

　製図では以下に記すように，傾いた面の実形を表示したい場合には補足の投影図や対象物を回転した投影図が用いられる.　さらに簡明な図示という観点から，図示を必要とする部分を分かり易くするため，理解を妨げない限り隠れ線を省略する.　また投影図についても，見える部分を全部描くと図がかえって分かりにくくなる場合にはその一部だけ，あるいは必要な部分だけを示す.　以下に各種投影図と，これを説明するための3次元CADで作成した立体図を並べて示す.

4・6・1　補助投影図（図学では副投影図，図4.9）

　対象物の斜面の実形を図示する必要がある場合，その斜面に対向する位置に補助投影図として表わす.　この場合，必要な部分だけを部分投影図または局部投影図で描いてもよい.　紙面の関係などで，補助投影図を斜面に対向する位置に配置できない場合にはその旨を矢印と英語の大文字で示す.　あるいは折り曲げた中心線で結び，投影関係を示してもよい.

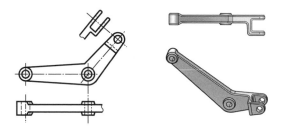

図4.9　補助投影図

4・6・2　回転投影図（図4.10）

　投影面にある角度をもっているためその実形が表れないときは，その部分を回転して，その実形を図示することができる.　なお見誤るおそれがある場合には作図に用いた線を残す.

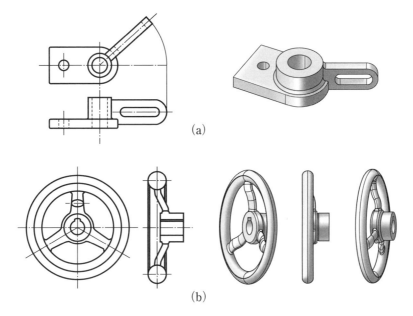

(a)

(b)

図4.10　回転投影図

4・6・3　部分投影図（図4.11（a））

　図の一部を示せば足りる場合には，その必要な部分だけを示す．この場合には，省いた部分との境界を破断線で示す．ただし，明確な場合には破断線を省略してもよい．

4・6・4　局部投影図（図4.11（b））

　対象物の穴，溝など一局部だけの形を図示すれば足りる場合には，その必要な部分のみを示す．

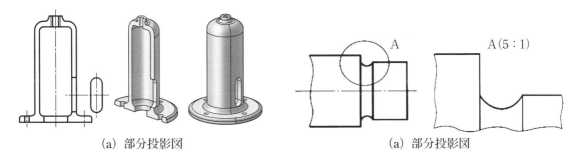

(a)　部分投影図　　　　　　　　　　　　　　　　(a)　部分投影図

図4.11　部分投影図

4・6・5　部分拡大図

　対象物の一部を拡大して示したい場合には，その部分を細い実線で囲み，Aなど英字の大文字で表示する．そして，別の箇所に拡大して描き，上部にA（5：1）のように表示の文字および尺度を付記する．

4・6・6 展開図

板を曲げて作る対象物や，面で構成される対象物の展開した形状を示す必要のある場合には，展開図を描く（上または下に展開図と付記する）．

4・7 | 断面図示法

隠れ線をなるべく用いないで作図する別の方法に断面図示法がある．断面図とは切断面を用いて対象物を仮に切断し（実際に切断するわけではない），切断面の手前の部分を取り除いたと考え，残った部分を図示したものである．

断面の切口を示すためにハッチングを施してもよい．ハッチングは細い実線を規則的に並べたもので，通常 45° に傾斜した細い実線で等間隔（2〜3 mm）に引く．

4・7・1 全断面図（図 4.12）

対象物を基本の中心線を通る切断面で完全に切断したと考えたときの断面図である．この場合切断面は指定しない．なお後述のように，正面図に示しているようにリブを断面にしてはならない．

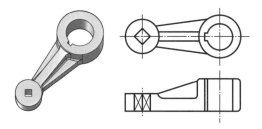

図 4.12 全断面図

4・7・2 片側断面図（図 4.13）

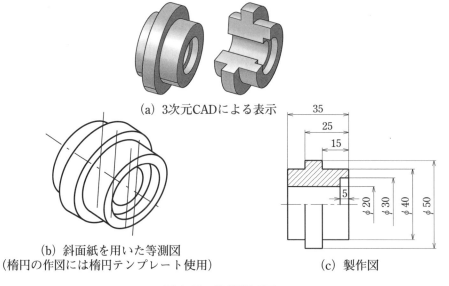

(a) 3次元CADによる表示

(b) 斜面紙を用いた等測図
（楕円の作図には楕円テンプレート使用）

(c) 製作図

図 4.13 片側断面図

　全断面図の半分と外形図の半分を組み合わせて表した断面図である（中心線の上半分，あるいは右半分を断面にすることが多い．上半・右半と覚えるとよい）．図の片側断面図では上半分が断面図，下半分が外形図を表している．

4・7・3　部分断面図

　外形図において，必要とする箇所の一部だけを破ったと考えたときの断面図である．破断線により破った部分の境界を示す．

4・7・4　回転図示断面図（図4.14）

　ハンドルや車などのアームおよびリム，リブ，フック，軸，構造物などの部材の切り口を90度回転して示した断面図である．図に示すように，(a) 切断線の延長上に描く場合，(b) 切断箇所の前後を破断し，その間に描く場合，(c) 図形内の切断箇所に重ねて細い実線で描く場合の3通りの方法がある．

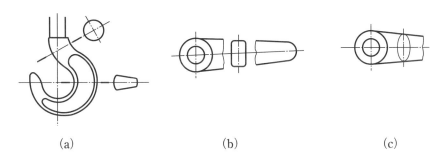

(a)　　　　　　　　　　　(b)　　　　　　　　　　(c)

図4.14　回転図示断面図

4・7・5　組み合わせによる断面図

　2つ以上の切断面による断面図を組み合わせて表わした断面図である．この場合，切断面は細い一点鎖線で表し，両端と要所を太くする．また，両端には矢印により投影の方向を示す．さらに断面図上部にはどの断面であるかを明示する．

1）相交わる二平面で切断する場合（鋭角断面図，直角断面図，図4.15）

　　正面図の上半分はAO断面を左方から，下半分はOA断面を下方から見た断面図を表している．

2）平行な二平面で切断する場合（階段断面図，図4.16）

　　正面図のBC線より左側はAB断面を，右側はCD断面をそれぞれ矢印の方向から，すなわち前方から見た断面図を示している．BCはAB断面とCD断面をつなぐだけで，すなわち切断面ではないので断面図には現れない．

3）曲がりに沿った中心面で切断する場合

4）複雑な切断面による場合

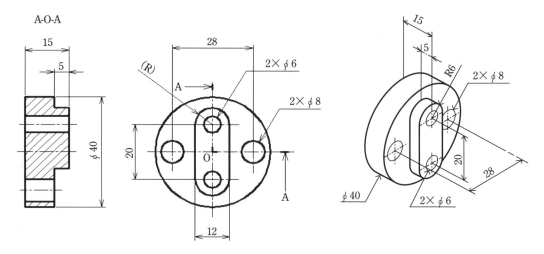

図 4.15　組み合わせによる断面図（直角断面図）

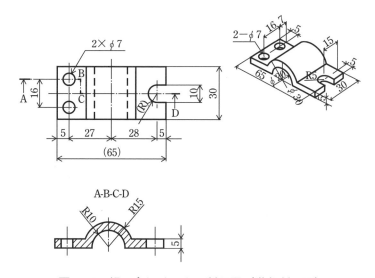

図 4.16　組み合わせによる断面図（階段断面図）

4・7・6　多数の断面図による表示

1）複雑な形状の対象物を表す場合

2）対象物の形状が徐々に変化する場合

4・7・7　薄肉部の断面図（図 4.17）

　ガスケット，薄板，形鋼などで，切り口が薄い場合には切り口を黒く塗りつぶすか，または実際の寸法に係らず，一本の極太の実線で表す．

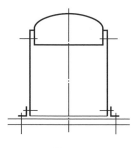

図 4.17　薄肉部の断面図

4・7・8 長手方向に切断しないもの（図4.18，図4.19）

たとえば，リブ，車のアーム，歯車の歯などは切断したために理解を妨げるおそれがあり，また，軸，ピン，ボルト，ナット，座金，小ネジ，リベット，キー，鋼球，円筒，ころなどは切断しても意味がないので，原則として長手方向に切断しない．

すなわち，上記部品は原則として外形図で表すので，特に軸，ボルト，ナットの面取り部を描く場合にはこのことを忘れてはならない．

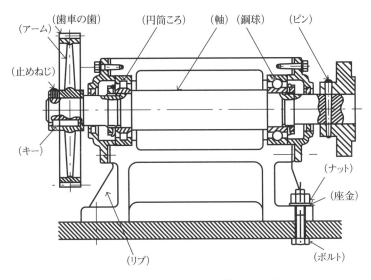

図4.18 長手方向に切断しない例

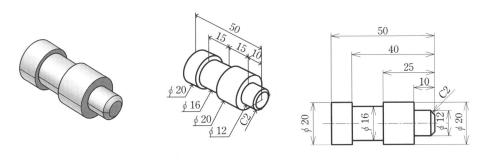

(a) 3次元CADの表示 　 (b) 斜眼紙を用いた等測図 　 (c) 製作図

図4.19 長手方向に切断しない例（軸の製作図）

4・8 省略図示法

4・8・1 対称図形の省略

対称図形の場合，対称中心線の片側を省略することができる（対称図記号を用いる場合と省略図形を中心線より少し残す場合の2通りがある）.

4・8・2 繰り返し図形の省略

同種同型のものが多数並ぶ場合には，図形を省略することができる.

4・8・3 中間部分の省略による図形の短縮

同一断面形の部分（図4.8参照），同じ形が規則正しく並んでいる部分，またはテーパなどの部分は，紙面を省くため中間部分を切り取って，その肝要な部分だけを近づけて図示することができる.

4・9 寸法記入法 （図4.20，図4.21）

図面に記入する寸法は読図者に読み違いを起こさせないよう細心の注意を払い，必要な寸法を明瞭に記入する. 寸法は図4.20に示すように寸法線，寸法補助線，引出線，寸法補助記号を用いて，寸法数値によって表す. 寸法数値は，特に断らない限り，加工後の寸法（仕上がり寸法）を示す. 長さの寸法数値は原則としてミリメートルの単位で記入し，単位記号は付けない. 寸法線には先端に矢印を付ける. なお角度を記入する寸法線は角度を構成する2辺，またはその延長線の交点を中心として描いた円弧で表す.

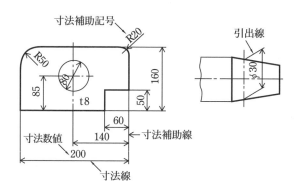

図4.20 寸法記入法

寸法数値を記入する位置および向きに2通りあるが，ここでは一般によく使われる方法を示す. 図4.21のように，水平寸法線の上側，垂直寸法線の左側すなわち図面を右側から見たときに記入した寸法が成立するように，また斜め方向の寸法線に対してもこれに準じて記入する. 直列寸法記入，並列寸法記入と累進寸法記入（下図例参照）

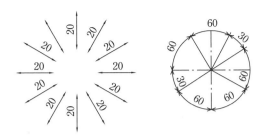

図 4.21　寸法線と角度の記入

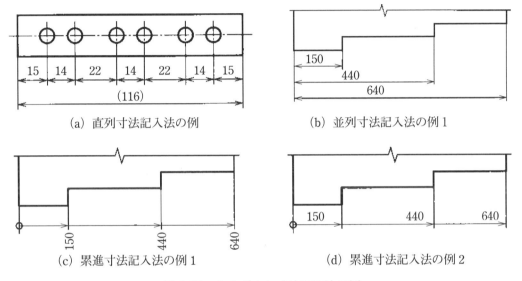

(a) 直列寸法記入法の例　　　　　　　　(b) 並列寸法記入法の例 1

(c) 累進寸法記入法の例 1　　　　　　　(d) 累進寸法記入法の例 2

図 4.22　さまざまな寸法記入法の例

4・10　寸法補助記号 （表4.3, 表4.4, 図4.23～図4.35）

　直径には φ（まる），半径（Radius）には R（あーる），正方形の辺には□（かく），板の厚さ（thickness）には t（てぃー），円弧の長さには⌒（えんこ），45度面取り（Chamfer）には C（しー），球（Sphere）には S（えす）を寸法数値の前に付ける．また，理論的に正確な寸法は □（わく）で，参考寸法は（　　）（かっこ）で囲む．

表4.3　寸法補助記号 （JIS Z 8317）

記号	意　味	呼 び 方
φ	180°を超える円弧の直径又は円の直径	"まる" 又は "ふぁい"
Sφ	180°を超える球の円弧の直径又は球の直径	"えすまる" 又は "えすふぁい"
□	正方形の辺	"かく"
R	半径	"あーる"
CR	コントロール半径	"しーあーる"
SR	球半径	"えすあーる"
⌒	円弧の長さ	"えんこ"
C	45°の面取り	"しー"
t	厚さ	"てぃー"
⌴	ざぐり 深ざぐり	"ざぐり" "ふかざぐり" 注記　ざぐりは，黒皮を少し削り取るものも含む．
⌵	皿ざぐり	"さらざぐり"
▽	穴深さ	"あなふかさ"
▭	理論的に正確な寸法	"わく"
（ ）	参考寸法	"かっこ"

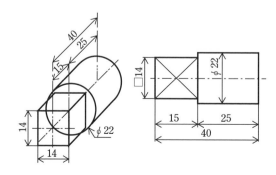

図4.23　正方形の記号

86

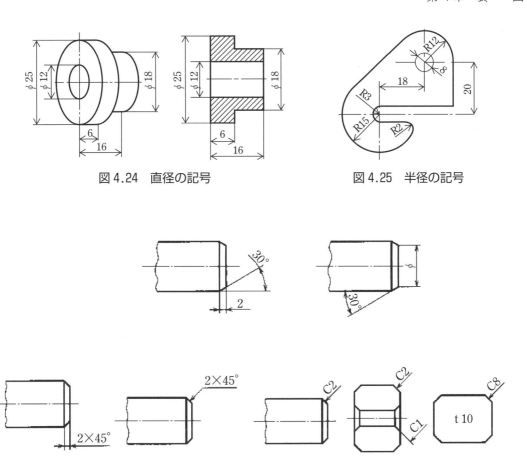

図 4.24　直径の記号

図 4.25　半径の記号

図 4.26　面取り記入法

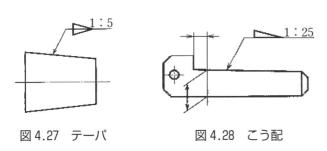

図 4.27　テーパ

図 4.28　こう配

表 4.4　穴の簡略表示

加工方法	簡略表示
鋳放し	イヌキ
プレス抜き	打ヌキ
きりもみ	キリ
リーマ仕上げ	リーマ

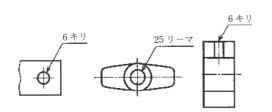

図 4.29　穴の加工方法の表示例

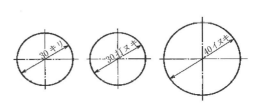

図 4.30　穴の加工方法を簡略表示する例

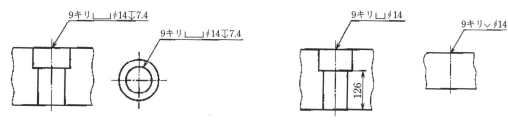

図4.31 ざぐり穴及び深ざぐり穴の指示例

図4.32 皿ざぐりの指示例

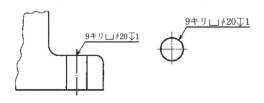

図4.33 深ざぐり穴の深さの指示例

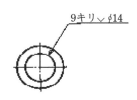

図4.34 貫通穴の指示例

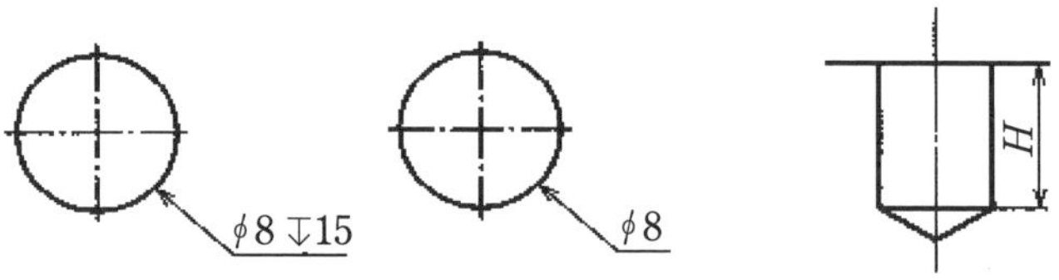

図4.35 穴の深さの指示例

<table>
<tr><td>**4・11**</td><td>**製図の要領**</td></tr>
</table>

4・11 製図の要領

　ここでは初心者を対象に，A3の製図用紙（ケント紙）使用の場合のドラフタ製図（ドラフタを用いた鉛筆描き製図）の要領をまとめた.

1）まず寸法を含めた図面の配置を決めること（正面図の選択に注意すること）.

2）いつでも消せる細い薄い線で大体の輪郭を描き，最後に濃い線で仕上げるようにすること（初めから濃い線で描き，失敗すると図面が汚れる）.

3）太い線（0.5 mmとする）と細い線（0.25 mmとする）をはっきり区別すること．ただし線の濃さには変わりがない（線の太さと濃さを混同してはならない）．線の画き方の目安を図4.36に示す.

実線：連続した線

破線：短い線をわずかに離せて描いた線

一点鎖線：短い線と長い線をわずかに離
　　　　　して交互に描いた線

二点鎖線：短い線2つと長い線をわずか
　　　　　に離して描いた線

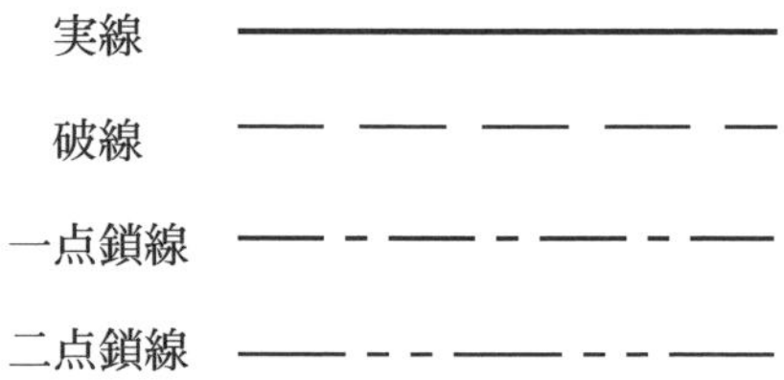

実線	———————————————
破線	— — — — — — —
一点鎖線	—・—・—・—・—
二点鎖線	— ・・— ・・— ・・—

図4.36 線の画き方の目安

4）寸法数字は小さくならないように，高さ4〜5mmとすること．

5）図と寸法線，寸法線と寸法線との間隔は等間隔（8〜12mm）とすること．

6）寸法補助線の長さは寸法線から2〜3mm出る程度に止めること．

7）枠は用紙の縁から約10mmのところに太い実線で画き，枠の外に用紙の中心を示す線（中心図記号）を引くこと．

4・12 製図実習

［製図用具］準備すべきもの

- 三角定規セット（45°−45°と60°−30°のセット）
- コンパス
- 物差し
- 鉛筆（またはシャープペンシル）（表4.5）

表4.5 鉛筆の芯の太さの目安

	太い線	細い線
鉛筆	0.5 mm	0.25 mm
シャープペンシル	0.7 mm	0.35 mm

［寸法の適切な記入位置］

〈寸法記入の原則〉

- 寸法は品物の形状を代表する正面図になるべく集中して記入し，これを表せない寸法だけを側面図または平面図に記入する．
- 2つ以上の関係図を描く場合に，どちら側へ引き出してもよい寸法は，なるべく関係図が描かれている方へ引き出して記入する．
- 互いに相関連する方法は，なるべく1か所にまとめて記入する．
- 寸法線や寸法補助線が他の外形線と重なったり，寸法指定箇所と寸法線が大きく離れる場合には，図中に寸法線を引き，外側には引き出さない方がよい．

図4.37 寸法の適切な記入位置

[軸部品の製図]（**図4.38**）

（注）• 軸部品は断面にしない．外形図のまま．

• 太い線も細い線も濃さは同じ．

• φ まる……直径を表す．

• C しー……45° 面取りを表す．

• 軸は旋盤で加工するので，軸中心を水平に，太い直径部分を左側に描く．

（作図手順）

① 中心線から描く．

② 加工基準より左へ40, 55, 83 の縦線を引く．

③ φ60, φ28, φ20 の横線を引く．

④ 45° 面取り部を描く．

⑤ 外形線を太い実線で描く．

⑥ 寸法線（図と寸法線とよこ縦を記入の間隔は等間隔10 mm 程度）

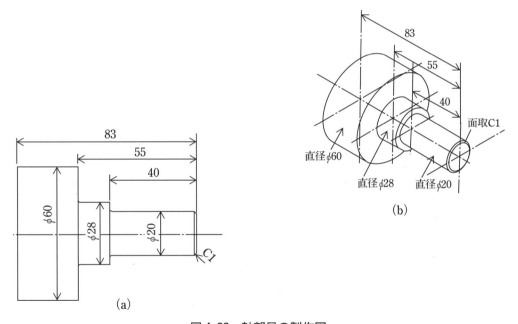

図4.38　軸部品の製作図

4・13　表面性状表示法

　製品の表面を拡大してみると細かな凹凸ができている．この凹凸を面の粗さ，凹凸を含めた面の状態を表面性状という．表面性状については，JIS B 0031：2003（製品の幾何特性仕様（GPS）−表面性状の図示方法）と JIS B 0601：2013 製品の幾何特性仕様（GPS）−表面性状：輪郭曲線方式−用語定義及び表面性状パラメータ）の規格がある．以下，その主な点について記す．

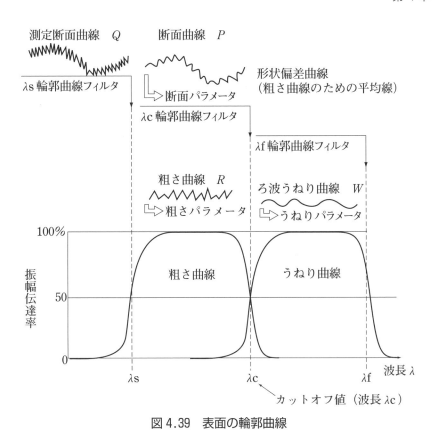

図 4.39　表面の輪郭曲線

　図 4.39 に示すように，表面性状の測定には，触針式表面粗さ測定器を用いるが，これによって得られた対象物の表面の凹凸を示す輪郭曲線を断面曲線という．この曲線には一般に細かい振幅の成分と，大きい振幅の成分が含まれている．これを選り分けるためにカットオフフィルターを用いる．カットオフ値の短いフィルターをかけると粗さが細かく現れ，長い値のフィルターをかけると，大きいうねりの成分が現れる．これら断面曲線 P，粗さ曲線 R，うねり曲線 W に対し，表面性状パラメーターはそれぞれ 10 種類ずつ規定され，その種類ごとにそれぞれの記号が規定されている．表 4.6 にこれらの内の主なパラメーターの意味及び説明を示す．製品の表面の大きな凹凸がうねりで，うねりを中心に細かな凹凸を考えたとき，中心線からの細かな凹凸の最大山高さと最大谷深さとの和が最大高さ粗さ（Rz で表す），細かな凹凸の絶対値の平均値が算術平均粗さ（Ra で表す）（単位：μm）である．

　対象面を指示するには，図 4.40（a）に示すように 60°の折れ線の指示記号（基本記号）を用い，対象面を表す線の外側に接して描く．切削や研削など面を加工する場合を除去加工，面を加工せず鋳肌のままの場合を除去加工禁止という．除去加工を指示するときには，図 4.40（b）のように，基本記号に正三角形になるように横線を加えた記号を，除去加工を許さないときは，図 4.41（c）のように丸を内接させた記号を用いる．この線の太さは文字の太さ同じにする．図 4.41 に示すように，粗さは除去加工の有無に関係なく，Ra（算術平均粗さ），Rz（最大高さ粗さ）等で指示する．

　粗さの数値その他の表面性状に関する指示事項は，図 4.42 に示す様式によって記入する．

表4.6　算術平均粗さの解析曲線図を加筆

記号	名称	説明	解析曲線
Rp	最大山高さ	基準長さにおける輪郭曲線の山高さ Zp の最大値	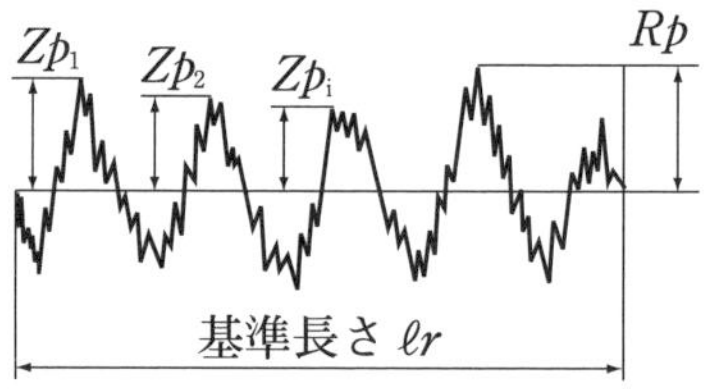 Zp_1, Zp_2, Zp_i, Rp　基準長さ ℓr
Rv	最大谷深さ	基準長さにおける輪郭曲線の谷深さ Zv の最大値	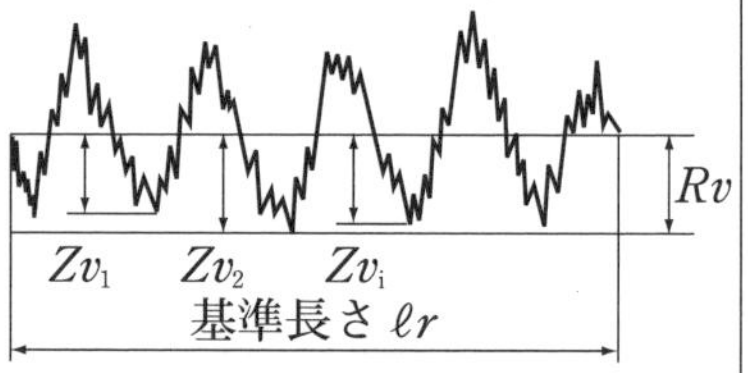 Rv, Zv_1, Zv_2, Zv_i　基準長さ ℓr
Rz	最大高さ粗さ	基準長さでの輪郭曲線要素の最大山高さ Rp と最大谷深さ Rv との和	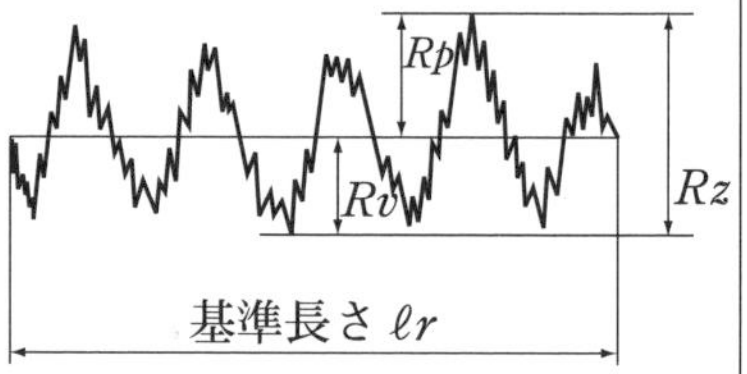 Rp, Rv, Rz　基準長さ ℓr
Rc	平均高さ粗さ	基準長さでの輪郭曲線要素の高さ Zt の平均	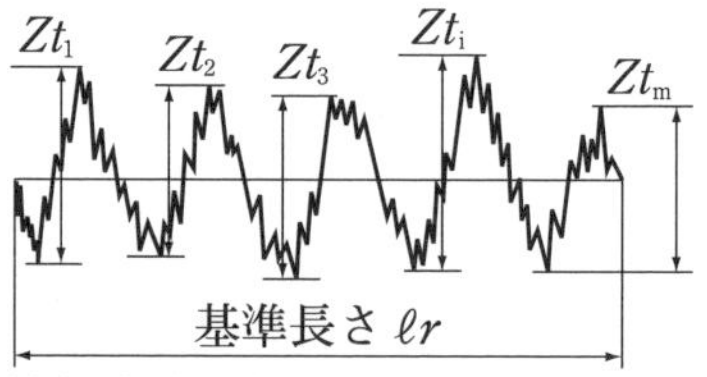 Zt_1, Zt_2, Zt_3, Zt_i, Zt_m　基準長さ ℓr　輪郭曲線要素＝一つの山＋隣の山または，一つの谷＋隣の山
Ra	算術平均高さ（算術平均粗さ）	基準長さにおける $Z(x)$ の絶対値の平均	

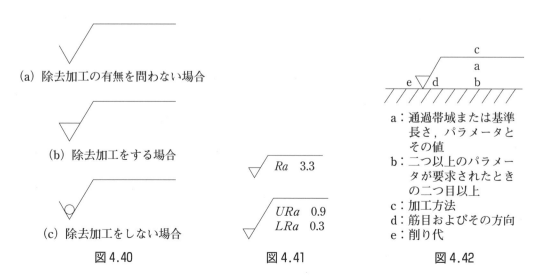

（a）除去加工の有無を問わない場合

（b）除去加工をする場合

（c）除去加工をしない場合

図4.40

Ra　3.3

URa　0.9
LRa　0.3

図4.41

c
a
e　d　b

a：通過帯域または基準長さ，パラメータとその値
b：二つ以上のパラメータが要求されたときの二つ目以上
c：加工方法
d：筋目およびその方向
e：削り代

図4.42

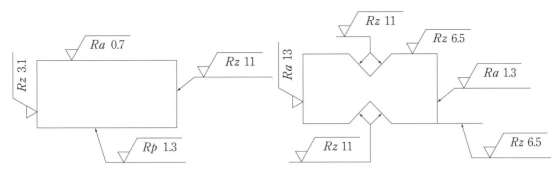

(a) 表面性状の要求事項の向き　(b) 表面を表す外形線上に指示した表面性状の要求事項

図 4.43

表 4.7　筋目方向の記号

=	加工による筋目の方向が記号を記入した図の投影面に平行		M	加工による筋目が多方向に交差または無方向	
⊥	加工による筋目の方向が記号を記入した図の投影面に直角		C	加工による筋目がほぼ同心円	
×	加工による筋目の2方向に交差		R	加工による筋目がほぼ放射状	

粗さの指示例を**図 4.43** に示す.

　筋目方向（仕上げ模様）の記号を指示する必要があるときには，**表 4.7** の記号を用いる.

4・14　材料の表示法

一般

材質名称［金属名称記号文字—材料名（英語）の頭文字 or 化学元素の記号］

　　　　規格名と製品名の略号［主として英語，ローマ字の頭文字 or その組合せ］

　　　　材質の種別［主として最低引張強さ，非鉄金属では種別番号］

（例）一般構造用圧延鋼材 SS400（最初の S は Steel，次の S は Structural，

　　　　400 は最低引張強さ 400 MPa＝400 N/mm²＝40 kgf/mm² を表す）

　　　ねずみ鋳鉄品 FC200（最初の F は Ferrum，次の C は Casting，

　　　　200 は最低引張強さ 200 MPa＝200 N/mm²＝20 kgf/mm² を表す）

（例外的な表示法）

　　　機械構造用炭素鋼鋼材 S45C（最初の S は Steel，次の 45C は炭素含有量 0.45％を表す）

4・15 | 溶接記号

図4.44と図4.45に溶接の場合の実態図とその溶接記号の場合の例を示す.

図4.44はアーク溶接で2つの鋼板を突合せ溶接する場合の方法を示す.

溶接棒は高電圧が加えられているため,ある距離に持ってゆくと放電し,円弧状の放電の火花(アーク)が飛ぶ.高温のアークのエネルギーにより溶接棒が部材間の接合部(溝,グルーブ)に溶け込み,2つの部材をくっつける.この場合溝の形がV形になっているのでこれをV形グルーブ溶接という.これを図4.44の溶接記号で表す.引き出す線を説明線という.V形の記号が基線の下側に描いている場合,溶接する側が矢の側あるいは手前側であることを示す.

図4.45は鋼管と鋼板を溶接する場合の方法を示す.この場合,鋼管の隅のところが溶接されるのですみ肉溶接という.この肉盛の形で図4.45溶接記号で表す.この場合も溶接する側が矢の側あるいは手前側であることを示す.また全周溶接の場合には図4.45に示すように白丸を,現場溶接の場合には図4.44に示すように旗のマークを追加する.

表4.8に各種溶接の種類と記号を示す.

なお説明線は,基線,矢および尾で構成されるが,尾は必要がなければ省略する.基線は普通は水平線とし,基線の片側の端に矢を付ける.矢は溶接部を指示するもので,基線に対しなるべく60°に引く.

ただし,V形,K形,J形および両面J形において,開先をとる部材の面を指示する場合と,フレアV形およびフレアK形においてフレアのある部材の面を指示する場合は,矢を折れ線とし,開先をとる面に矢の先端を向ける.矢は二又以上にしてもよい.

溶接記号の記載例(JIS Z 3021:2010 溶接記号による)

表4.8 溶接部の記号

溶接の種類と記号				
	矢の反対側または向こう側	矢の側または手前側		両　側
I 形開先	⊥⊥	⊤⊤		
V形開先	⋎	⋏	X形開先	⋇
レ形開先	↓	⊤	X形開先	⊬
J形開先	⊦	⊤	両面J形開先	⊬
U形開先	⋎	⋏	H形開先	⋇
V形フレア溶接	⋎	⋏	X形フレア溶接	⋇
レ形フレア溶接	⊥	⊤	K形フレア溶接	⊬
へり溶接	⊤⊤⊤	⊥⊥⊥		
すみ肉溶接	◺	◹		

94

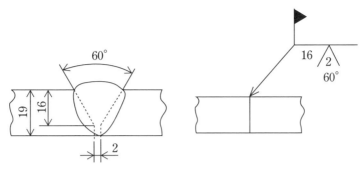

図 4.44　V形グループ溶接の例

全周連続すみ肉溶接（円管）
脚長6mm

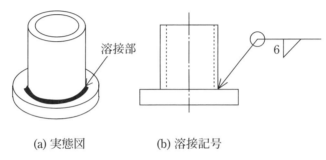

(a) 実態図　　　　　(b) 溶接記号

図 4.45　すみ肉溶接の例

4・16　寸法公差とはめあい

　新規格「JIS B 0401-1：2016 製品の幾何特性仕様（GPS）―長さに関わるサイズ公差の ISO コード方式―第1部：サイズ公差，サイズ差及びはめあいの基礎」では，寸法→サイズ，寸法公差→サイズ公差，基準寸法→図示サイズのように用語が国際標準に合わせて変わったが，まだ教育現場では混乱が見られるので，以下旧規格の用語を用いる．

　図 4.46 から図 4.49 に示すように，軸や軸穴など部品を加工するときには，実際には寸法（例えば 30 mm）通り製作されることはなく，必ず許容される寸法の範囲が決められている．加工の際に基準となる寸法（30 mm）を「基準寸法」，許容し得る寸法の範囲の上限値（mm）を「最大許容寸法」，下限値（mm）を「最小許容寸法」，最大許容寸法と最小許容寸法の差（mm）を「寸法公差」または単に「公差」（この領域を「公差域」）という．また最大許容寸法と基準寸法の差（mm）を「上の寸法許容差」，最小許容寸法と基準寸法の差（mm）を「下の寸法許容差」という（基準線に近い方の寸法許容差を「基礎となる寸法許容差」という）．
寸法許容差には3種類の表し方がある．
（1）数値で表示する場合
（2）はめあい記号で表示する場合，
　実際には限界ゲージという測定器の通り側と止まり側で簡単にチェックできる．

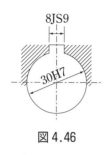

図 4.46

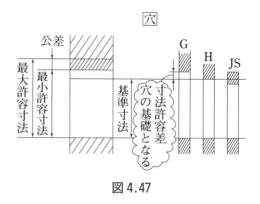

図 4.47

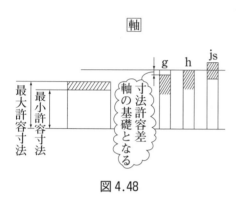

図 4.48

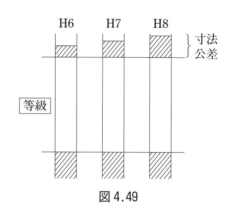

図 4.49

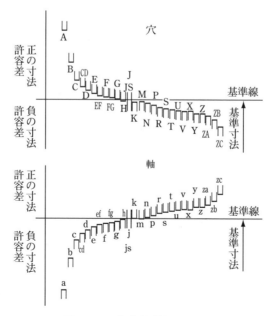

図 4.50　移動公差域の記号

（3）何も表示しない場合

　この場合にも公差が決められている．これを寸法の普通許容差という．たとえば

　　精級±0.1 mm，中級±0.2 mm，粗級±0.5 mm，極粗級±1 mm

［はめあい記号による寸法公差の表し方］

$$\begin{array}{lll} \text{公差域} & \text{等級} & +0.021 \\ \phi30 \quad H \quad 7 \quad は \quad \phi30 \quad 0 & & \text{と同じ} \\ & & +0.018 \\ \quad 8 \quad JS \quad 9 \quad は \quad 8 \quad -0.018 & & \text{と同じ} \end{array}$$

　30H7 の H は公差域の記号を表し，7 は国際基本公差（IT）の等級を表す．

「公差域」の記号は図4.50 に示すようにアルファベット（大文字が穴を，小文字が軸）で表す．穴の場合，公差域 H で下の寸法許容差が 0，軸の場合，公差域 h で上の寸法許容差が 0 となっている．なお，公差域 JS, js の s は対称（symmetry）からとっており，±IT/2 を上下の寸法許容差とする．

表4.9　IT 基本公差の数値

単位　μm

寸法の区分(mm) をこえ	以下	IT 01 (01級)	IT 0 (0級)	IT 1 (1級)	IT 2 (2級)	IT 3 (3級)	IT 4 (4級)	IT 5 (5級)	IT 6 (6級)	IT 7 (7級)
—	3	0.3	0.5	0.6	1.2	2	3	4	6	10
3	6	0.4	0.6	1	1.5	2.5	4	5	8	12
6	10	0.4	0.6	1	1.5	2.5	4	6	9	15
10	18	0.5	0.8	1.2	2	3	5	8	11	18
18	30	0.6	1	1.5	2.5	4	6	9	13	21
30	50	0.6	1	1.5	2.5	4	7	11	16	25
50	80	0.8	1.2	2	3	5	8	13	19	30
80	120	1	1.5	2.5	4	6	10	15	22	35
120	180	1.2	2	3.5	5	8	12	18	25	40
180	250	2	3	4.5	7	10	14	20	29	46
250	315	2.5	4	6	8	12	16	23	32	52
315	400	3	5	7	9	13	18	25	36	57
400	500	4	6	8	10	15	20	27	40	63

寸法の区分(mm) をこえ	以下	IT 8 (8級)	IT 9 (9級)	IT 10 (10級)	IT 11 (11級)	IT 12 (12級)	IT 13 (13級)	IT 14 (14級)	IT 15 (15級)	IT 16 (16級)
—	3	14	25	40	60	100	140	250	400	600
3	6	18	30	48	75	120	180	300	480	750
6	10	22	36	58	90	150	220	360	580	900
10	18	27	43	70	110	180	270	430	700	1100
18	30	33	52	84	130	210	330	520	810	1300
30	50	39	62	100	160	250	390	620	1000	1600
50	80	46	74	120	190	300	460	740	1200	1900
80	120	54	87	140	220	350	540	870	1400	2200
120	180	63	100	160	250	400	630	1000	1600	2500
180	250	72	115	185	290	460	720	1150	1850	2900
250	315	81	130	210	320	520	810	1300	2100	3200
315	400	89	140	230	360	570	890	1400	2300	3600
400	500	97	155	250	400	630	970	1500	2500	4000

〔備考〕IT01 ～ IT4 の IT 基本公差は主としてゲージ類，IT5 ～ IT10 の IT 基本公差は主としてはめあわされる部分，IT11 ～ IT16 の IT 基本公差は，主としてはめあわされない部分の寸法の公差として適用される．

表 4.10　穴の基礎となる寸法許容差の数値（抜粋）

単位 μm

標準寸法 mm		基礎となる寸法許容差の数値								Δ の数値		
		下の寸法許容差 *EI*			上の寸法許容差 *ES*							
		すべての公差等級			IT6	IT7	IT8	IT8 以下	IT8 を超える場合	公差等級		
を超え	以下	G	H	JS	J			K		IT6	IT7	IT8
—	3	+2	0	寸法許容差＝±ITn/2 でnはITの番号	+2	+4	+6	0		0	0	0
3	6	+4	0		+5	+6	+10	−1+Δ		3	4	6
6	10	+5	0		+5	+8	+12	−1+Δ		3	6	7
10	14	+6	0		+6	+10	+15	−1+Δ		3	7	9
14	18											
18	24	+7	0		+8	+12	+20	−2+Δ		4	8	12
24	30											
30	40	+9	0		+10	+14	+24	−2+Δ		5	9	14
40	50											
50	65	+10	0		+13	+18	+28	−2+Δ		6	11	16
65	80											
80	100	+12	0		+16	+22	+34	−3+Δ		7	13	19

表 4.11　軸の基礎となる寸法許容差の数値（抜粋）

単位 μm

標準寸法 mm		基礎となる寸法許容差の数値										
		上の寸法許容差 *es*			上の寸法許容差 *ei*							
		すべての公差等級			IT5 及び IT6	IT7	IT8	IT4 〜 IT7	IT3 以下及び IT7 を超える場合	すべての公差等級		
を超え	以下	g	h	js	j			k		m	n	p
—	3	−2	0	寸法許容差＝±Itn/2 でnはITの番号	−2	−4	−6	0	0	+2	+4	+6
3	6	−4	0		−2	−4		+1	0	+4	+8	+12
6	10	−5	0		−2	−5		+1	0	+6	+10	+15
10	14	−6	0		−3	−6		+1	0	+7	+12	+18
14	18											
18	24	−7	0		−4	−8		+2	0	+8	+15	+22
24	30											
30	40	−9	0		−5	−10		+2	0	+9	+17	+26
40	50											
50	65	−10	0		−7	−12		+2	0	+11	+20	+32
65	80											
80	100	−12	0		−9	−15		+3	0	+13	+23	+37

IT 基本公差は表 4.9 に示すように各等級ごと，寸法で区分けされている（単位は 1 μm＝0.001 mm）．30h7 の場合は表 4.8 の寸法の区分 30 mm，等級 7 級より IT 基本公差 21 μm＝0.021 mm を得る．同様に 8js9 の場合は寸法の区分 8 mm，等級 9 級より IT 基本公差 36 μm＝0.036 mm を得る．

　穴の基礎となる寸法許容差（抜粋）を表 4.10 に，軸の基礎となる寸法許容差（抜粋）を表 4.11 に示す．

［要約］

1）大文字は穴を，小文字は軸を表す（図 4.50）．

2）同じ種類の穴（図 4.47）または軸（図 4.48）では基礎となる寸法許容差（表 4.10，表 4.11）は同じである．

3）等級が増すにつれ公差が増す（図 4.49）.

4）各等級の公差は各穴または各軸ごとに定められている

　　（表 4.9，IT 基本公差）.

[はめあいの種類]

　常に隙間ができる（穴の最小許容寸法より軸の最大許容寸法が小さい）はめあいをすきまばめ（すきまの最大値，最小値を最大すきま，最小すきま）という．常に締付け（締代，しめしろ）を要する（穴の最大許容寸法より軸の最小許容寸法が大きい）はめあいをしまりばめ（しめしろの最大値，最小値を最大しめしろ，最小しめしろ）という．またすきまができたりしめしろができたりするはめあいを中間ばめという.

4・17　幾何公差の図示方法

　部品の形状，姿勢，位置，振れにも許容される範囲が決められている．これを幾何公差という.

　幾何公差の種類と図記号を表 4.12 に示す.

　形状公差の例として線の真直度と平面の平行度を説明すると，平行度，直角度などの関連形体においては，その公差域を設定するために，何か基準となる部分（面，線，軸線など）を考えなければならない．これらの基準となる部分をデータムという．データムを図示するには，アルファベットの大文字を正方形の枠で囲み，一方，データムの部分には，データム三角記号（塗りつぶすあるいは塗りつぶさない直角三角形）を描いて，これらを細い実線で結ぶ.

真直度：（表 4.13 真直度公差 $-\phi 0.08$ 参照）

　線の真直ぐさの度合い（真直度）はそれを囲む円筒を考え，その円筒の直径の大きさ（公差値）で表す．これを図示するには対象となる線に直角に支持線を引き出し，公差記入枠を設け，公差の種類記号と公差値を記入する.

表 4.12　幾何特性に用いる記号

公差の種類	特　性	記号	データム指示	公差の種類	特　性	記号	データム指示
形状公差	真直度	—	否		線の輪郭度	⌒	要
	平面度	▱	否		面の輪郭度	⌒	要
	真円度	○	否	位置公差	位置度	⊕	要・否
	円筒度	⌀	否		同心度(中心点に対して)同軸度(軸線に対して)	◎	要
	線の輪郭度	⌒	否		対称度	=	要
	面の輪郭度	⌒	否		線の輪郭度	⌒	要
姿勢公差	平行度	//	要		面の輪郭度	⌒	要
	直角度	⊥	要	振れ公差	円周振れ	↗	要
	傾斜度	∠	要		全振れ	↗↗	要

平面度：（表4.14 平面度公差 □ 0.08 参照）

　面の平行の度合い（平面度）はその面に平行な2枚の平面を考え，その2平面の間隔の大きさ（公差値）で表す．これを図示するには対象となる面に直角に支持線を引き出し，公差記入枠を設け，公差の種類記号と公差値を記入する．

　表4.13～表4.20 に幾何公差の公差域の定義と指示法法及び説明の例を示す．

表4.13　真直度公差

単位 mm

記号	公差域の定義	指示方法及び説明
──	公差域は，t だけ離れた平行二平面によって規制される． 公差値の前に記号φを付記すると，公差域は直径 t の円筒によって規制される． 	円筒表面上の任意の実際の(再現した)母線は，0.1 だけ離れた平行二平面の間になければならない． 公差を適用する円筒の実際の（再現した）軸線は，直径 0.08 の円筒公差域の中になければならない．

表4.14　平面度公差

単位 mm

記号	公差域の定義	指示方法及び説明
▱	公差域は，距離 t だけ離れた平行二平面によって規制される． 	実際の(再現した)表面は，0.08 だけ離れた平行二平面の間になければならない．

100

表 4.15　真円度公差

単位 mm

記号	公差域の定義	指示方法及び説明
○	対象とする横断面において，公差域は同軸の二つの円によって規制される。	円筒及び円すい表面の任意の横断面において，実際の（再現した）半径方向の線は半径距離で 0.03 だけ離れた共通平面上の同軸の二つの円の間になければならない． ○ 0.03

表 4.16　円筒度公差

単位 mm

記号	公差域の定義	指示方法及び説明
/○/	公差域は，距離 t だけ離れた同軸の二つの円筒によって規制される．	実際の（再現した）円筒表面は，半径距離で 0.1 だけ離れた同軸の二つの円筒の間になければならない． /○/ 0.1

表 4.17　平行度公差
（データム直線に関連した表面の平行度公差）

単位 mm

記号	公差域の定義	指示方法及び説明
//	公差域は，距離 t だけ離れ，データム軸直線に平行な平行二平面によって規制される．	実際の（再現した）表面は，0.1 だけ離れ，データム軸直線Cに平行な平行二平面の間になければならない． // 0.1 C

表 4.18　直角度公差

単位 mm

記号	公差域の定義	指示方法及び説明
⊥	公差域は，距離 t だけ離れ，データムに直角な平行二平面によって規制される．	実際の（再現した）表面は，0.08 だけ離れ，データム軸直線Aに直角な平行二平面の間になければならない． ⊥ 0.08 A

表4.19　位置度公差

単位 mm

記号	公差域の定義	指示方法及び説明
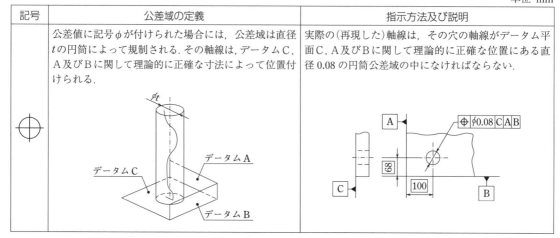	公差値に記号φが付けられた場合には，公差域は直径tの円筒によって規制される．その軸線は，データムC，A及びBに関して理論的に正確な寸法によって位置付けられる．	実際の(再現した)軸線は，その穴の軸線がデータム平面C，A及びBに関して理論的に正確な位置にある直径0.08の円筒公差域の中になければならない．

表4.20　同心度公差

単位 mm

記号	公差域の定義	指示方法及び説明
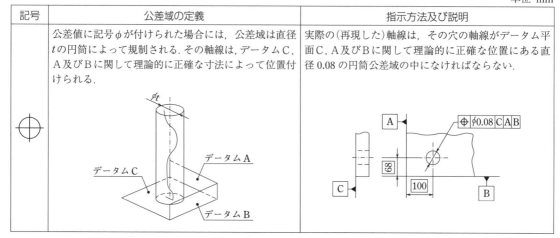	公差値に記号φが付けられた場合には，公差域は直径tの円筒によって規制される．円筒公差域の軸線は，データムに一致する．	内側の円筒の実際の(再現した)軸線は，共通データム軸直線A－Bに同軸の直径0.08の円筒公差域の中になければならない．

4・18　ねじの製図法

4・18・1　ねじの原理

　図4.51に示すように，円柱の表面に直角三角形の紙を巻き付けていくとき，斜辺のなす曲線がつる巻線であり，つる巻線に沿って山と谷をつけたものがねじである．このときの円柱の

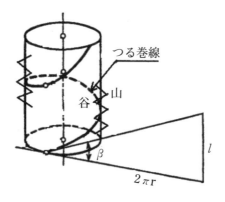

図4.51　ねじの原理

直径がねじの有効径，山の直径が外径，谷の直径が内径である．

　　ねじ山：円柱表面のつるまき線に沿って設けられた一様断面を持つ突起

　　ねじ：ねじ山をもつ物体の総称

　　おねじ：円柱の外面上にねじ山の設けられたねじ

　　めねじ：円柱の内面上にねじ山の設けられたねじ

- **各径を表す記号**：**小文字はおねじ，大文字はめねじ**を表す．添字は次のように決められている．

　　おねじ外径（呼び径）　　d＝めねじの谷の径 D

　　おねじ谷の径　　　　　　d_1＝めねじの山の径 D_1

　　おねじ有効径　　　　　　d_2＝めねじの有効径 D_2

- **ピッチ**：山ととなりの山の間の距離．記号：P
- **リード**：ねじを1回転させたときに進む距離．記号：l

　　$l=iP$〔i：ねじの条数〕

- **山の角度**：三角ねじでは 60°．台形ねじでは 30°．
- **リード角**：ねじ山の周方向への傾きの角度．記号：β〔図4.52参照〕

　　$l=\pi d_2 \tan \beta$

4・18・2　ねじの種類（表4.21）

　表4.21に示すように，さまざまの種類のねじがある．

表4.21　ねじの種類

ねじの種類（一般用）		ねじの種類を表す記号	ねじの呼びの表し方の例
メートル並目ねじ		M	M8
メートル細目ねじ			M8×1
ユニファイ並目ねじ		UNC	3/8 − 16UNC
ユニファイ細目ねじ		UNF	No. 8 − 36UNF
メートル台形ねじ		Tr	Tr10×2
管用テーパねじ	テーパおねじ	R	R 3/4
	テーパめねじ	Rc	Rc 3/4
	平行めねじ	Rp	Rp 3/4
管用平行ねじ		G	G 1/2

4・18・3　ねじの表示法（図 4.52 ～図 4.58）

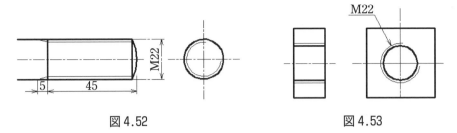

図 4.52

図 4.53

①おねじ：外径は太い実線，谷の径は細い実線で表示する．
②めねじ：内径は太い実線，谷の径は細い実線で表示する．

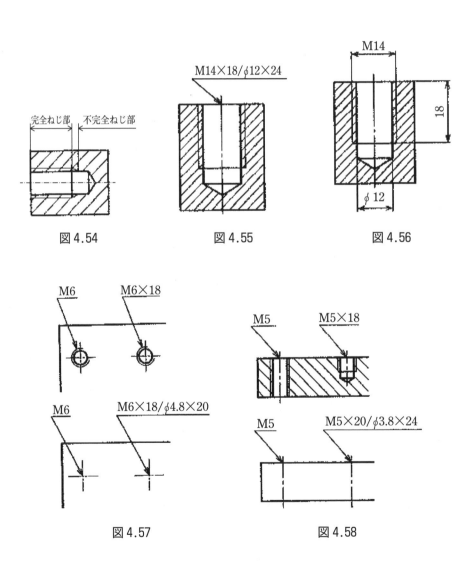

図 4.54

図 4.55

図 4.56

図 4.57

図 4.58

4・19 | 歯車の製図法

4・19・1　歯車の原理（インボリュート歯形）

　図 4.59 に示すように，円 O に巻き付けた糸を引張りながら解くとき，糸の一点 a が描く軌跡をインボリュート（伸開線）といい，円 O を基礎円という．糸の直線部はインボリュートの法線であり，基礎円の接線でもある．図 4.60 に示すように，O_1，O_2 を 2 つの基礎円とし，その共通接線 AB 上の一点を通るインボリュート DCE，FCG を描くと，その接点 C における共通接線は，2 つの基礎円の共通接線と一致する．これら 2 つのインボリュート DCE，FCG を一対の歯形と考え，基礎円とともに矢印の方向へ回転させると，歯形の接点は移動するが，接点における共通法線は，常に基礎円の共通接線 AB に一致し，ピッチ点 P は定点となる．したがって，歯形の基礎条件を満足し，一定の速度比で回転を伝達できる．接点 C は，歯車の回転により共通接線 AB 上を移動するので作用線（line of action）という．伝達力は作用線の方向に働く．作用線と共通接線 TT′ とのなす角 α を圧力角といい，20° が用いられる．

　図 4.61 にインボュート歯車を示す．O_1，O_2 を中心とし，ピッチ点 P を通る円をピッチ円という．ピッチ円は摩擦車の直径に相当し，2 つの歯車の回転数の比はピッチ円直径に反比例す

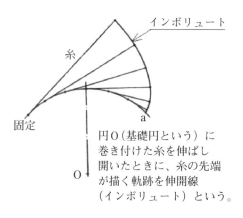

図 4.59　インボリュート

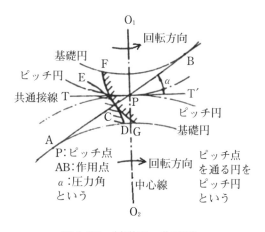

図 4.60　基礎円，作用線

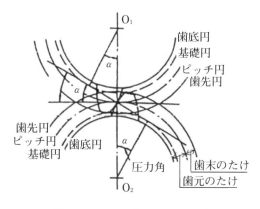

図 4.61　インボリュート歯車

る．また図 4.61 より，基礎円直径＝ピッチ円直径×$\cos\alpha$ であることがわかる．

4・19・2 歯車の種類

　原軸と従軸との位置関係や歯筋形状等により，13 種類に分類される．かみ合う一対の歯車の内，歯数の多い方を大歯車（gear），少ない方を小歯車（pinion）
両軸が平行な場合の例を示す．概要は以下の通りである．

平歯車（spur gear）：歯筋が軸と平行

内歯車（internal gear）：大歯車の内周に歯がある．

ラック（rack）：歯車の直径を無限大にしたもの．

はすば歯車（herical gear）：平歯車の歯筋をつるまき状にねじったもので，かみあいがなめらかで重荷重高速伝動に適するが，スラストを受ける．

やまば歯車（double herical gear）：スラストが打ち消され，速度比の大きい減速装置などに利用される．

4・19・3 歯車各部の名称

ピッチ円（pitch circle）：円筒摩擦車に相当

ピッチ円直径（pitch circle diameter）：円筒摩擦車の直径に相当

歯先円（addendum circle）：歯車の歯先位置をつないで描いた円

歯底円（root circle）：歯車の歯底位置をつないで描いた円

歯末のたけ（addendum）：ピッチ円から歯先までの距離．標準歯車では大きさを「m〔モジュール〕」分とする．

歯元のたけ（dedendum）：ピッチ円から歯底までの距離．標準歯車では大きさを「m＋頂げき」分とする．

全歯たけ（whole depth）：歯末のたけ＋歯元のたけ

ピッチ：1 つの歯と次の歯との間隔．2 枚の歯の間のすきま〔これを「歯みぞの幅」という〕ではなく，2 枚の歯の，同じ側の歯面位置の間の距離のことであり，次の 3 つが定義される．

- 円ピッチ（円周ピッチ）：ピッチ円上での 2 枚の歯の距離を，ピッチ円に沿って測った長さ．
- 基礎円ピッチ：基礎円上での 2 枚の歯の距離を，基礎円に沿って測った長さ．
- 法線ピッチ：2 枚の歯の距離を作用線上で測った長さ．インボリュート歯車では，法線ピッチの大きさと，基礎円ピッチの大きさは等しい．

円弧歯厚（circular thickness）：ピッチ円上で，ピッチ円に沿って測った歯の厚さ．標準歯形では，円ピッチの 1/2 になる．

頂げき（clearlance）：一方の歯車の歯先と，相手歯車の歯底との間にできるすきま．通常 0.25 m〔モジュール〕程度とする．

4・19・4　標準（非転位）平歯車の寸法

（モジュール m，歯数 Z とする）

圧力角：$\alpha = 20°$　　　　　　全歯たけ：$h = h_a + h_d$

円ピッチ：$t = \pi m$　　　　　　ピッチ円直径：$d = Z m$

歯末のたけ：$h_a = m$　　　　　歯先円直径：$d_k = d + 2 m = (Z + 2) m$

歯元のたけ：$h_d > 1.25 m$

4・19・5　歯車の大きさや形状を規定する基礎量

• **モジュール**（module）：歯車の歯の大きさを決める基準となる量．単位：mm

$$m = \frac{d}{z}$$

d：ピッチ円直径，m：モジュール，z：歯数

かみ合う 2 つの歯車は，モジュールが等しい．

• **中心間距離（中心距離）**：2 つの歯車の軸間の距離．2 つの歯車の（かみ合い）ピッチ円直径の和の 1/2.

$$a = \frac{1}{2}(d_1 + d_2) = \frac{1}{2}m(z_1 + z_2)$$

解説：規準ラック（basic rack）：歯車のピッチ円の半径を無限大にすれば，歯形のインボリュートは作用線に垂直な直線となる．これを規準ラックといい，歯形の基本として用いる．

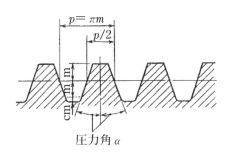

図 4.62　基準ラックの歯形と寸法

4・19・6 歯車の表示法

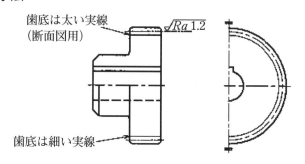

歯底は太い実線
（断面図用）

$\sqrt{Ra\,1.2}$

歯底は細い実線

図4.63　平歯車の表し方

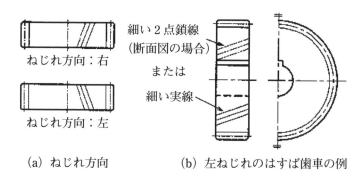

ねじれ方向：右

ねじれ方向：左

細い2点鎖線
（断面図の場合）

または

細い実線

(a) ねじれ方向　　　　(b) 左ねじれのはすば歯車の例

図4.64　はすば歯車の表し方

①歯先円：太い実線

②ピッチ円：細い一点鎖線

③歯底円：細い実線，ただし軸に直角な方向から見た図（正面図）を断面で図示するときは，太い実線で表す．なお歯底円は記入を省略してもよく，特に傘歯車及びウォームホイールの軸方向から見た図（側面図）では，原則として省略する．

④歯筋方向：3本の細い実線で表す．

⑤正面図を断面で表示するときは，紙面より手前の歯の歯筋方向は，3本の細い2点鎖線で表す（想像線）．

─第5章　演習問題─

1-1. 角 AOB を 2 等分せよ.

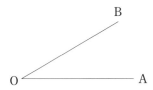

1-2. 線分 AB を 2 等分せよ.

1-3. 線分 AB を 5 等分せよ.

1-4. P より直線 AB に垂線を立てよ.

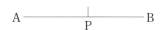

1-5. P より直線 AB に垂線を下ろせ.

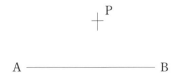

1-6. 直角 AOB を 3 等分せよ.

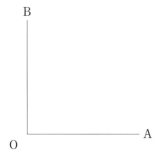

1-7. P より円 O に接線を引け.

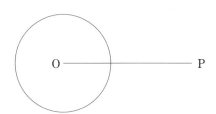

1-8. 2円 O, O′ に共通外接線を引け.

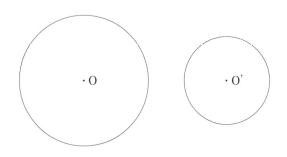

1-9. 2円 O, O′ の共通内接線を引け.

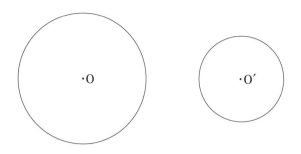

1-10. 円に内接する正五角形を作図せよ.

1-11. 一辺を AB とする正五角形を作図せよ.

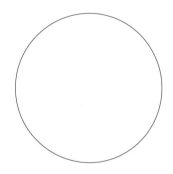

A ——————— B

1-12. 円弧 AB の長さを点 B を通る接線上にとれ.

1-13. 円弧 AB の長さを点 B を通る接線上にとれ（高精度）.

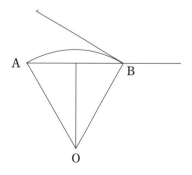

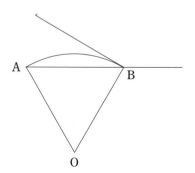

学科　学籍番号　　　　　　　　　氏名

1-14. 円 O のインボリュート曲線を作図せよ.

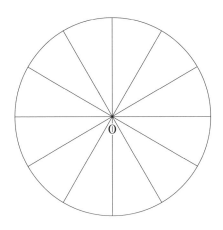

1-15. 長軸 AA_1 と焦点 F, F_1 が与え
られた楕円を作図せよ.

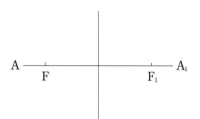

1-16. 準線 L と焦点 F が与えられた放物線
を作図せよ.

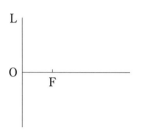

1-17. 長軸 CC_1 と焦点 F, F_1 が与えられた
双曲線を作図せよ.

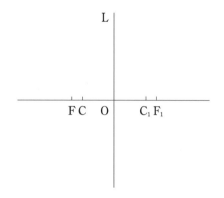

1-18. 長軸 A_1, A_2 と短軸 B_1, B_2 が与えら
れた楕円を作図せよ.

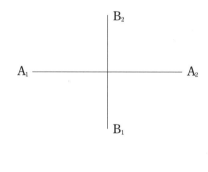

学科 学籍番号 _____ 氏名 _____

2-1. (1) 下記方眼紙上に，第1角法と第3角法の国際図記号（正面図は記入済み）を描け．

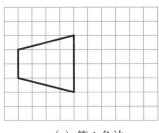

(a) 第1角法　　　　　　(b) 第3角法

(2) 下記方眼紙上に，下図の立体Aを第1角法と第3角法で描け（矢の方向に見た図を正面図とする）．

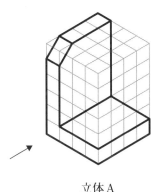 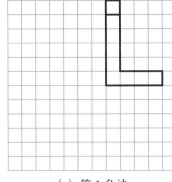 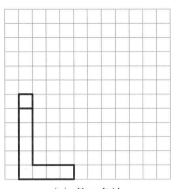

立体A　　　　　　(a) 第1角法　　　　　　(b) 第3角法

(3) 第3角法により，立体Bの正面図，平面図，右側面図を下記の方眼紙上に描け（1目盛りは5mmとする）．矢の方向から見た図を正面図とする．寸法は記入しなくてよい．

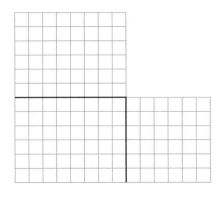 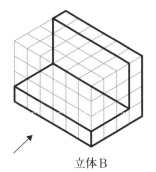

立体B

2-2. 基本立体の展開図を厚紙にコピーし，これをはさみで切り取り立体を組み立てよ．

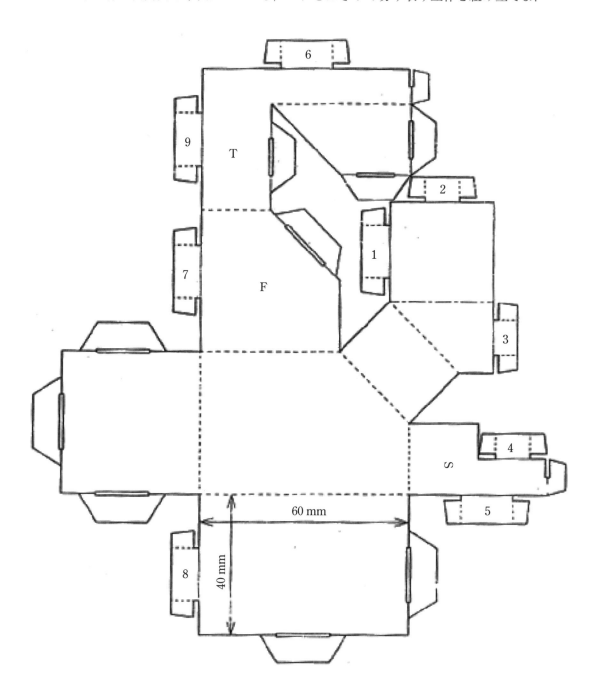

学科　学籍番号　　　　　　　　　　　氏名

2-3. BOX法により下図の立体のカバリエ投影を描け（δ＝45°）.

①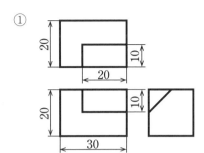

②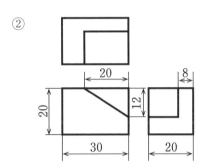

③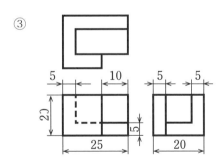

④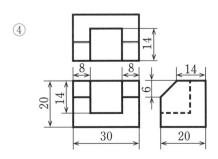

2-4. 正面図と平面図が与えられた下図の立体のカバリエ投影（δ＝45°）を描け．また右側面図を描き加えよ．

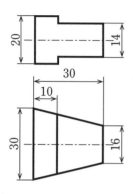

2-5. BOX 法により下図の立体のキャビネ投影（δ＝45°）を描け．

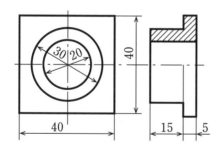

学科　学籍番号　　　　　　　氏名

2-6. 方眼紙（1目盛5mm）を用いて，下図の立体（一辺20mmの立方体より作成）の3面図（正面図，平面図，右側面図）を描け（左手前から視た図を正面図とする）．

(例)

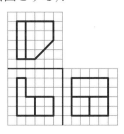

① (A) (B) ② (A)  (B)

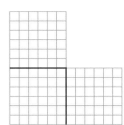

③ (A)  (B) ④ (A) 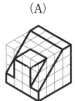 (B)

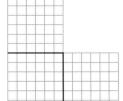  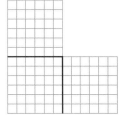

2-7. 方眼紙（1目盛5 mm）を用いて，下図の立体（一辺 20 mm の立方体より作成）の3面
図（正面図，平面図，右側面図）を描け（左手前から視た図を正面図とする）．

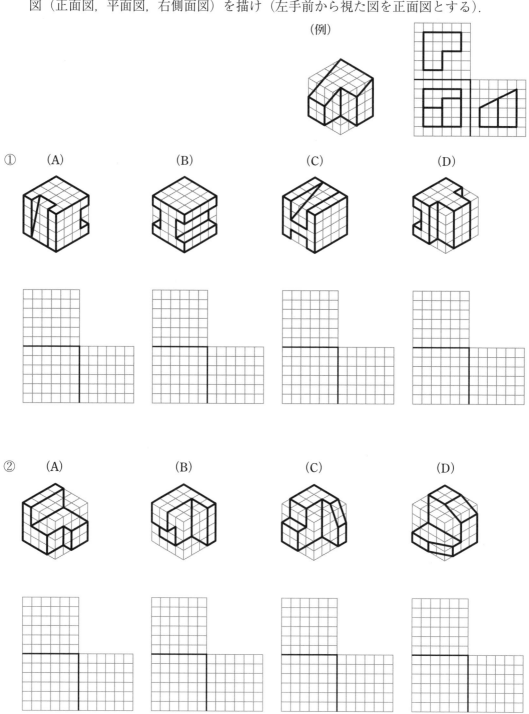

学科　学籍番号　　　　　　　　　　　　氏名

2-8. 斜眼紙（1目盛5mm）を用いて，下図の立体（30mm×20mm×20mmの直方体をもとに作成）の等測図を描き，3面図で不足している線，投影図を描き加えよ（かくれ線は破線で示すこと）.

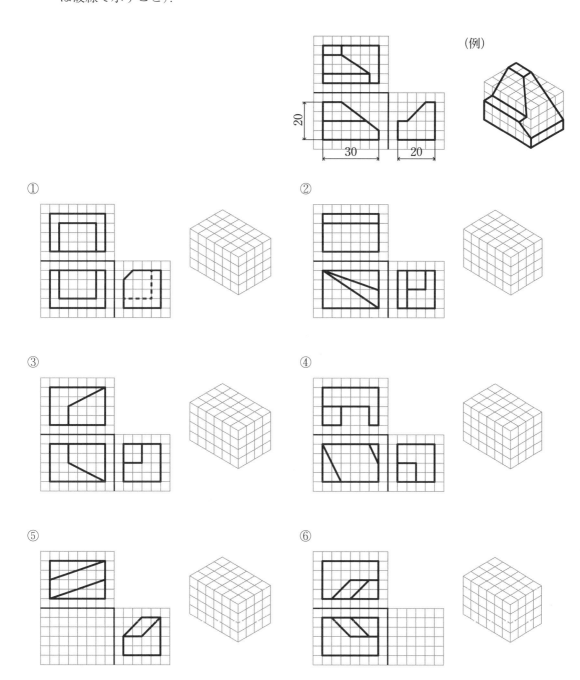

(例)

①

②

③

④

⑤

⑥

2-9. 斜眼紙（1目盛5 mm）を用いて，下図の立体（30 mm×20 mm×20 mm の直方体をもとに作成）の等測図を描き，3面図で不足している線，投影図を描き加えよ（かくれ線は破線で示すこと）.

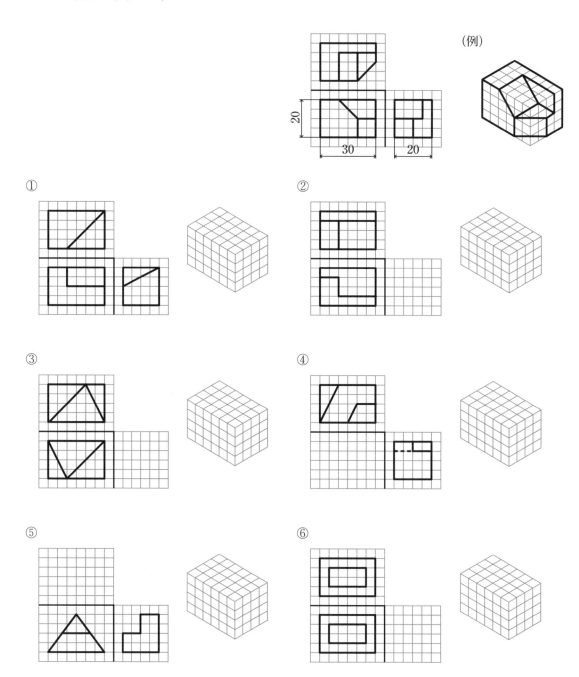

（例）

①

②

③

④

⑤

⑥

学科　学籍番号　　　　　　　　　　氏名

2-10. 画面，視点 E を下図のように配置した立方体（一辺 a）の透視図を描け（直接法による）．なお，立方体と視点は正面図と平面図で，画面は正面図，平面図，右側面図で与えられている．

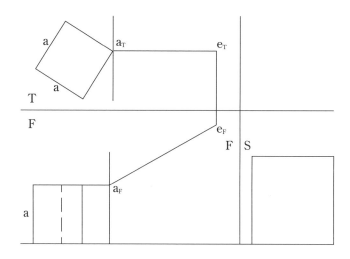

2-11. 視点の視距離，視高が下図のように配置された立体の透視図を描け（全透視法および測点法による）．なお，HL は地平線，GP は基面，ST は停点であり，立体は平面図および背面図で与えられている．

［全透視法］　　　　　　　　　　　　　　　　　　　　［測点法］

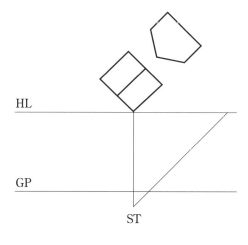

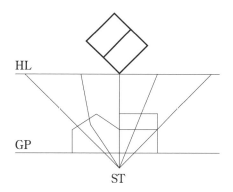

2-12. 視点の視距離，視高が下図のように配置された立体の透視図を描け．なお，HL は地平線，GP は基面，ST は停点であり，立体は平面図および左側面図で与えられている．

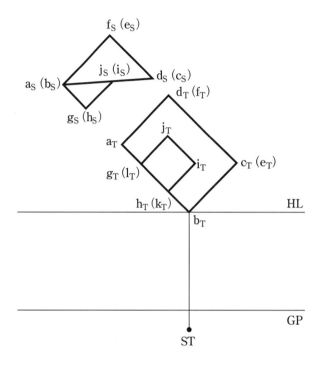

学科 学籍番号 氏名

3-1. 下図の方眼紙上に直線 AB の正面図と平面図が与えられているとき，右側面図を作図せよ．また下図の等測図を用いて，直線 AB の空間上での位置を作図せよ．

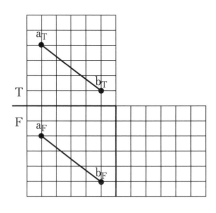 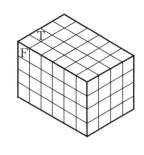

3-2. 下図に示すように，直線 AB と CD の正面図と平面図が与えられている．右側面図を用いて，直線 AB と CD は平行でないことを作図により示せ．

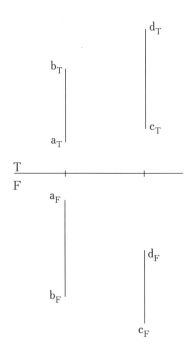

3-3. 直線 AB は，F 面（直立面）に平行で T 面（水平面）に 30° 傾き，実長 ℓ とする．下図に示すように，点 A の正面図と平面図および長さ ℓ の直線が与えられたとき，直線 AB の正面図および平面図を作図せよ．

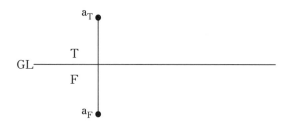

3-4. 直線 AB は，T 面（水平面）に平行で F 面（直立面）に 45° 傾き，実長 ℓ とする．下図に示すように，点 A の正面図と平面図および長さ ℓ の直線が与えられたとき，直線 AB の正面図および平面図を作図せよ．

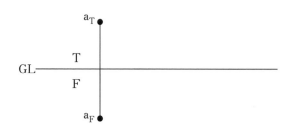

学科　学籍番号　　　　　　　　　氏名

3-5. 下図に直線 AB の正面図と平面図を作図せよ．ただし，直線 AB の実長は L で，B 端は
F 面（直立面）から L_1，T 面（水平面）から L_2 の距離にある．

本問は最初は何から始めたらよいかわからないという超難問であり，ある意味では超良
問である．このような問題ではとりあえず B 端が F 面（直立面）から L_1，T 面（水平面）
から L_2 の距離にある任意の直線 AB′ の実長作図を行い，点 B′ を移動しながら解法の手が
かりを探っていき，最後に実長が L となるよう全条件を満たす直線 AB を見つければよい．

3-6. 下図に示す直線の与えられた副基線に対する副投影図を求めよ．
（本問により，実長→点視，実長でなければ→点視でない，を理解すること！）

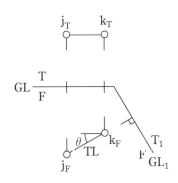

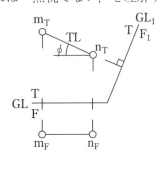

(a) JK：正面平行線　　　　　　　(b) MN：水平線

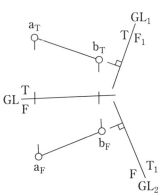

(c) AB：一般の直線

3-7. 下図のように正面図および平面図が与えられた直線の TL（実長），θ（水平傾き角），ϕ（正面傾き角）を作図により求めよ．ただし，（a）の直線 EF の実長作図は副投影法で，（b）の直線 HG の実長作図は回転法で求めること．

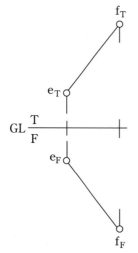

（a）直線EFの実長作図

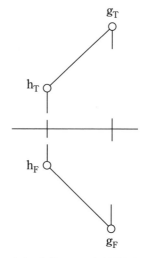

（b）直線HGの実長作図

学科　学籍番号　　　　　　　　　　　氏名

3-8. 下図に示すように，頂点 V，底面 ABCD の正四角錐 V-ABCD の正面図と平面図および第一，第二副基線 GL_1 と GL_2 が与えられている．正四角錐の第一，第二副投影図を作図せよ（かくれ線を破線で示すこと）．

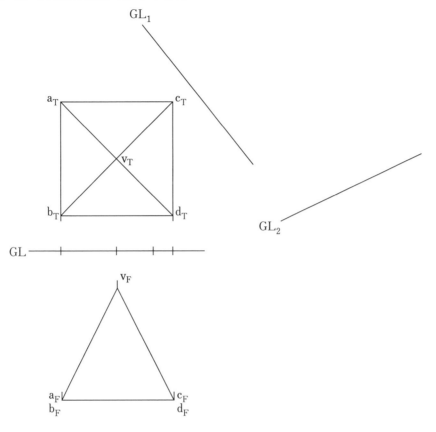

3-9. 下図に示すように点 A と直線 BC の正面図，平面図が与えられているとき，点 A より直線 BC に下ろした垂線 AH（H は BC 上）を求めよ．ただし，本問では直線 BC の実長を利用する方法により作図すること．

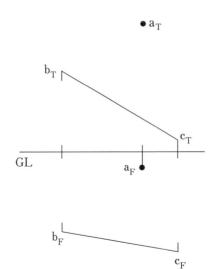

3-10. 下図に示すように直線 AB の正面図，平面図が与えられている．直線 AB に垂直な直線 AC の平面図，直線 BD の正面図を求めよ．

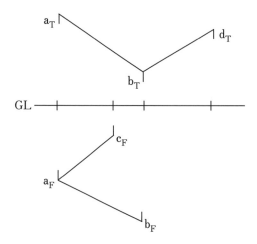

3-11. 下図に示すように直線 AB，直線 CD の正面図，平面図が与えられている．2 直線 AB，CD の共通垂線 EF を求めよ．

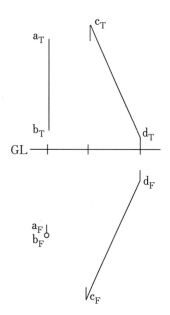

学科　学籍番号　　　　　　　　　　氏名

3-12. 下図に示すようにねじれ2直線 AB, CD の正面図, 平面図が与えられている. ねじれ2直線の共通垂線 EF を求めよ.

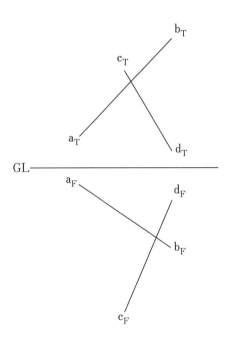

3-13. 下図に示すように平面 ABC の正面図, 平面図と点 D の平面図, 点 E の正面図が与えられている. 点 D, 点 E が平面 ABC 上にあるとき, 点 D の正面図, 点 E の平面図を求めよ.

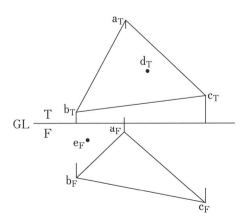

3-14. 副投影法により三角形 ABC（正面図と平面図で表示）の実形図を求めよ.

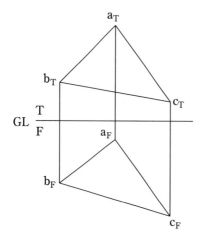

3-15. 副投影法を用いて，三角形 ABC（正面図と平面図で表示）の∠A の二等分線 AD（正面図と平面図で表示）（D は BC 上）を作図せよ.

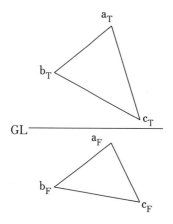

3-16. 三角形 ABC（正面図と平面図で表示）上の点 P において三角形の上下に垂線 PQ＝PR ＝10 mm をたてよ（PQ, PR の正面図と平面図を作図せよ. なお, かくれ線は破線で示すこと）.

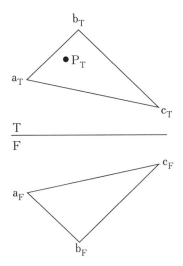

3-17. 点 A より直線 BC に下した垂線 AH（正面図と平面図で表示）（H は BC 上）を求めよ. （三角形 ABC（正面図と平面図で表示）の実形図を利用する方法）

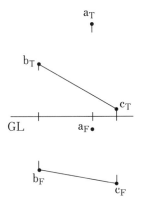

3-18. 下図に点Ｐと三角形 ABC の正面図と平面図が与えられている．副投影法により，点Ｐ
より三角形 ABC に下ろした垂線 PQ（点 Q は三角形の平面上）を作図せよ．

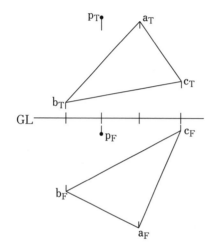

学科　学籍番号　　　　　　　　　氏名

3-19. 下図に三角形 ABC と直線 LM 両端部の正面図と平面図が与えられている．副投影法により，三角形 ABC と直線 LM の交点 P を求めよ（直線の見える部分は太線で示すこと）．

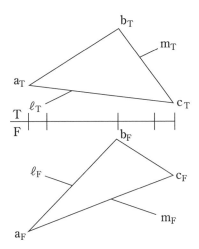

3-20. 下図に三角形 ABC と直線 LM 両端部の正面図と平面図が与えられている．補助平面法により，三角形 ABC と直線 LM の交点 P を求めよ（直線の見える部分は太線で示すこと）．

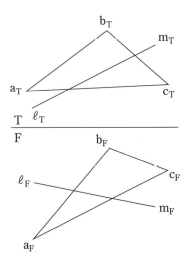

3-21. 下図に三角形 ABC と三角形 DEF の正面図と平面図が与えられている．副投影法により，三角形 ABC と三角形 DEF の交線 PQ を求めよ（見えない線は描かない）．

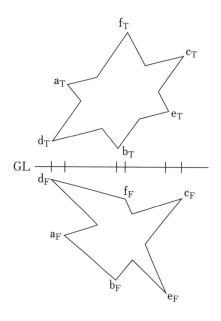

3-22. 下図に三角形 ABC と三角形 DEF の正面図と平面図が与えられている．補助平面法により，三角形 ABC と三角形 DEF の交線 PQ を求めよ（見えない線は描かない）．

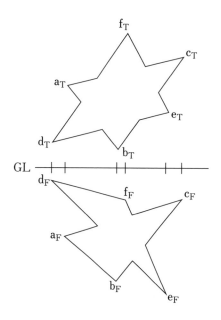

3-23. 下図のように斜めに切断した直円柱の切断面の実形図（楕円になる）を求めよ．

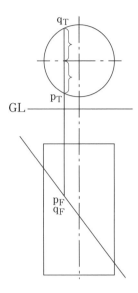

3-24. 下図に三角錐 V–ABC と三角形 DEF の正面図と平面図が与えられている．副投影法により，三角錐 V–ABC と三角形 DEF との交線 PQR を求めよ．

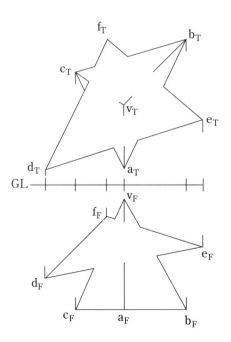

3-25. 下図に三角錐 V–ABC と三角形 DEF の正面図と平面図が与えられている．補助平面法により，三角錐 V–ABC と三角形 DEF の交線 PQR を求めよ．ただし，本問は三角錐の稜 VA が基線に垂直なため，VA を含む補助平面と稜 VA の交線が求められない特殊な問題となっている．このような場合，側面図を利用すれば交点が求められる．

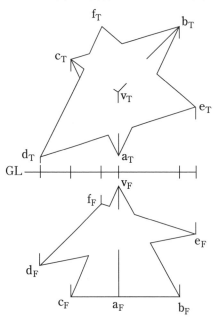

3-26. 三角錐と三角柱の相貫を求めよ．

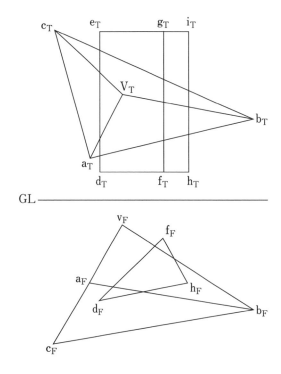

学科　学籍番号　　　　　　　　　氏名

3-27. 三角柱と三角錐の相貫を求めよ.

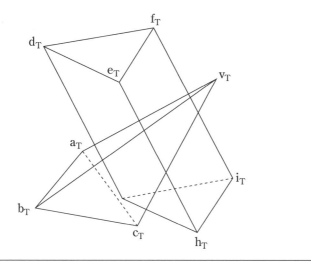

GL

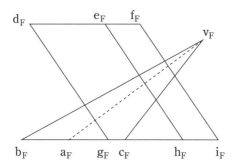

3-28. 三角錐と三角錐の相貫を求めよ.

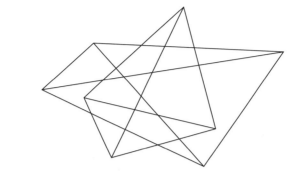

GL ————————————————————————

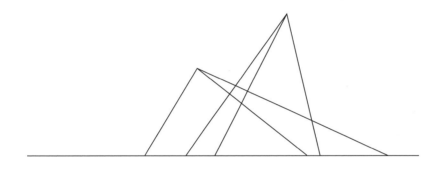

学科　学籍番号　　　　　　　　　　氏名

3-29. 直立円柱と水平円柱の相貫線を描け.

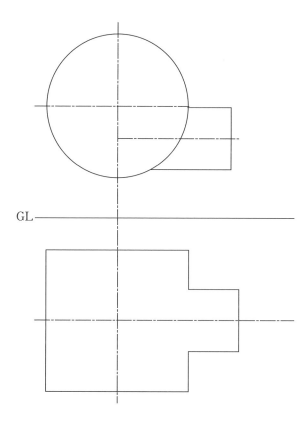

GL

3-30. 下図に示す直方体の水平面上及び垂直面上の影を求めよ（光線は標準光線とする）.

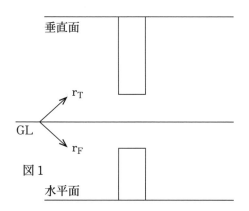

図 1

3-31. 水平面に対し，下図に示すように配置した1本の直線と踏み台付ついたての陰影を求めよ（光線は規準光線とする）.

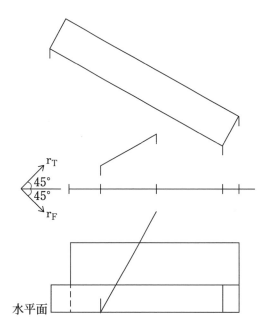

学科　学籍番号　　　　　　　　　　氏名

3-32. 水平面に対し，下図に示すように配置した直線 LM と三角形 ABC の陰影を求めよ（光線は規準光線とする）．

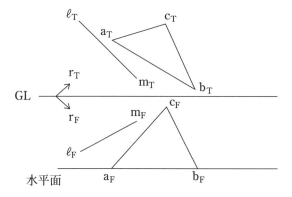

3-33. 水平面に対し，下図に示すように配置した四角錐の陰影，直線の影を求めよ（光線は規準光線とする）．

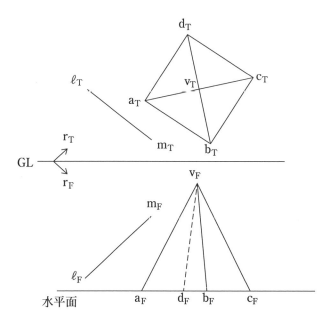

3-34. それぞれの展開図をはさみで切り取り，立体を組み立てよ.

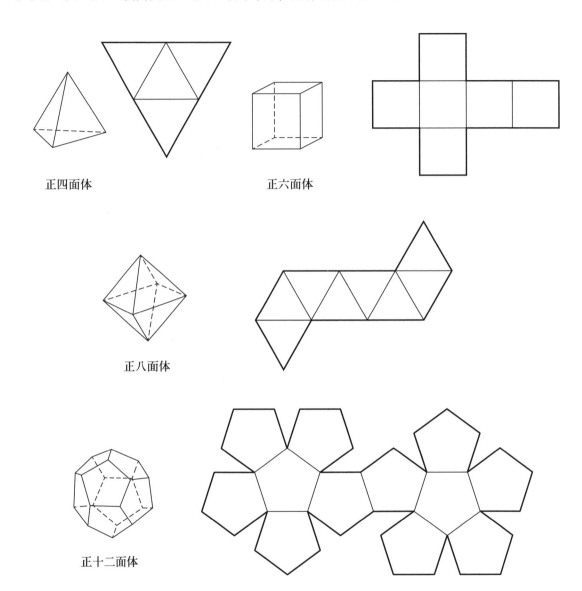

正四面体

正六面体

正八面体

正十二面体

学科　学籍番号　　　　　　　　　　　　氏名

3-35. それぞれの展開図をはさみで切り取り，立体を組み立てよ.

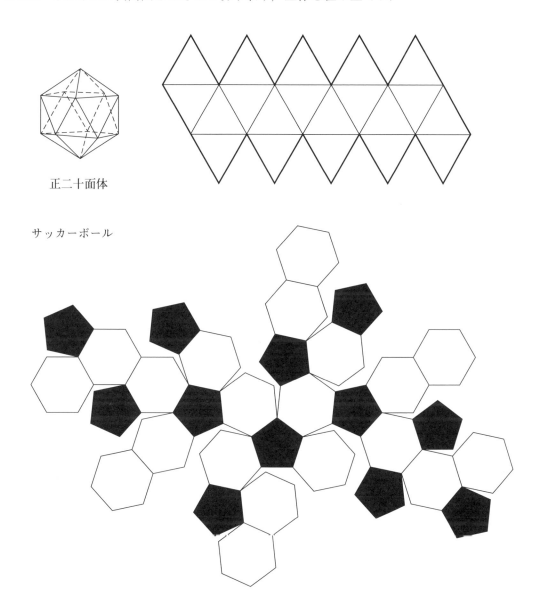

正二十面体

サッカーボール

3-36. （1）三角錐 V–ABC の側面の展開図を求めよ．

（2）三角錐上の 2 点 P，Q を結ぶ測地線（最短距離の直線）を求めよ．

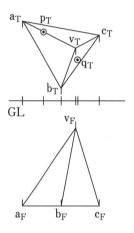

3-37. 下図のように三角錐 V–ABC を切断して得られる立体の側面の展開図を求めよ．

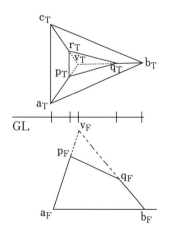

学科　学籍番号　　　　　　　　　　　氏名

3-38. 斜めに切断した円柱の側面の展開図を求めよ.

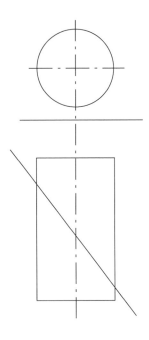

3-39. 下図のように斜めに切断した直円錐の側面の展開図を求めよ.

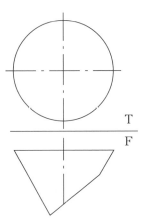

3-40. 円環の厚紙模型を製作せよ.

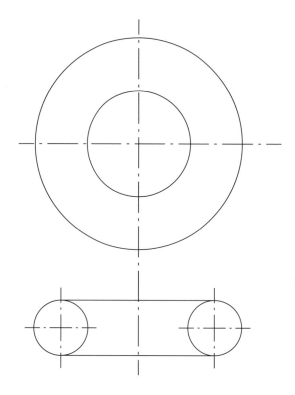

学科　学籍番号　　　　　　　　　　　氏名

3-41. 球の厚紙模型を製作せよ.

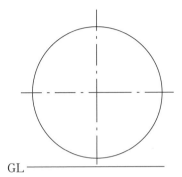

GL

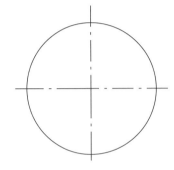

4-1. 次の空欄 [　　] を埋めよ.

○図面の大きさ・様式

（1）図面の大きさ：基本的に製図では [　　　　　　　] 〜 A4 の 5 種類である.

（2）図面の配置：基本的に図面の大きさが [　　　　　　　] 以上で長手方向を左右に置く.

（3）輪郭線：太い実線 で [　　　　　　] を書き, [　　　　　　] 記号で図面の中心を示す.

（4）表題欄（右下隅）：図番, 図名, 製図者, 製図年月日, [　　　　　　], 投影法 などを入れる.

（5）部品表：[　　　　　　] 番号, 名称, 材質, 個数, 重量, 工程 などを入れる.

○尺度, 線, 文字

（6）尺度の記入：実物（原尺）での寸法は [　　　：　　　] で記入する.

（7）線の太さ：0.13, 0.18, 0.25, [　　　　　　], 0.5, 0.7, 1, 1.4, 2 mm を基準とする.

（8）線の太さの比：細線：太線：極太線：の比は [　　　：　　　：　　　] である.

（9）線の太さの使用：通常は細線と太線のみを使用し, 極太線は [　　　　　　] の断面図
　　に用いるだけである.

（10）線の種類：実線, [　　　　　　]（点線とは異なる）, 一点鎖線, 二点鎖線がある.

（11）図形の中心を表すには [　　　　　　]（簡略には細い実線）, 回転断面線には
　　[　　　　　　], 想像線には [　　　　　　], 特殊指定線には
　　[　　　　　　], 破断線にはフリーハンドの [　　　　　　]
　　またはジグザグ線を用いる.

（12）数字の高さ：2.5, 3.5, 5, [　　　　　　], 10 mm（標準数）を基準とする.

4-2. 下図は一辺 10 mm の正八角形とする. 各辺に 10 mm の寸法を記入せよ.
（寸法補助線, 寸法線, 寸法数字も正しく記入せよ）

学科　学籍番号　　　　　　　　氏名

4-3. 線の名称と線の種類を空欄に入れよ（図4.5の照会番号に対応させる）.

番号	名　称	線の種類
1.1	外　形　線	太い実線
2.1		
2.2		
2.3		
2.4		
2.5		
3.1		
4.1		
4.2		
5.1		
6.1		
6.3		
7.1		
8.1		
9.1		

4-4. 下表に示す寸法補助記号の空欄を埋めよ.

区　分	記号	呼び方	用　　法
直　　径	φ	ま　る	直径の寸法の, 寸法数値の前に付ける.
半　　径			半径の寸法の, 寸法数値の前に付ける.
球 の 直 径			球の直径の寸法の, 寸法数値の前に付ける.
球 の 半 径			球の半径の寸法の, 寸法数値の前に付ける.
正方形の辺			正方形の一辺の寸法の, 寸法数値の前に付ける.
板 の 厚 さ			板の厚さの寸法数値の前に付ける.
円弧の長さ			円弧の長さの寸法の, 寸法数値の上に付ける.
45°の面取り			45°の面取りの寸法の, 寸法数値の前に付ける.
理論的に正確な寸法			理論的に正確な寸法の, 寸法数値を囲む.
参 考 寸 法			参考寸法の, 寸法数値(寸法補助記号を含む.)を囲む.

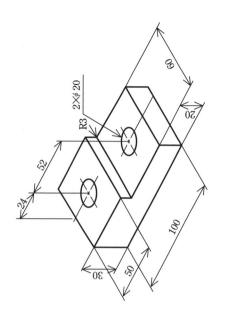

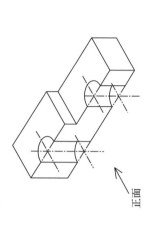

正面

4-5. 図の立体の製作図（多面図）を描け．ただし正面図は全断面図とすること．

150

学科　学籍番号　　　　　　　　　氏名

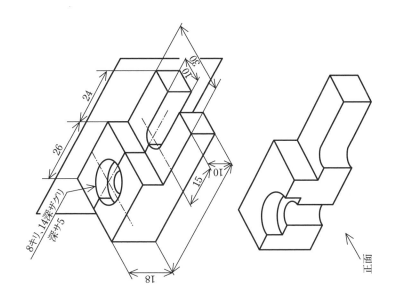

8キリ, 14深ザグリ
深サ5

24
26
30
10
15
10
18

正面

4-6. 図の立体の製作図を描け. ただし正面図は全断面図とすること.

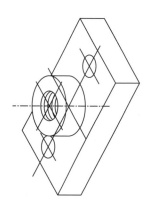

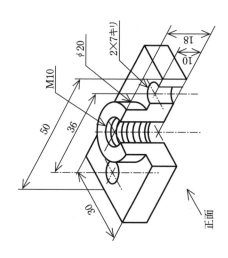

4-7. 図の立体の製作図を描け．ただし正面図は片側断面図とすること．

学科　学籍番号　　　　　　　　　　氏名

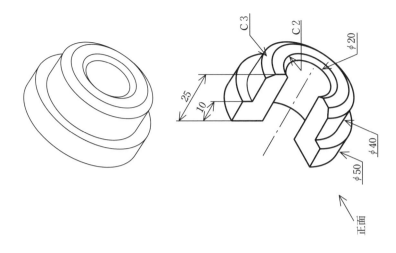

4-8. 図の立体の製作図を描け. ただし正面図は片側断面図とすること.

4-9. 図の立体の製作図を描け。ただし正面図は組み合わせによる断面図（階段断面図）とすること。

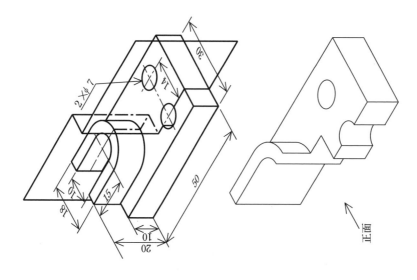

正面

154

学科　学籍番号　　　　　　　　　氏名

4-10. 平歯車の製作図を描け．ただし写図するのみ．

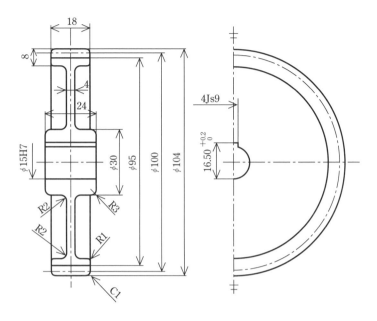

4-11. 下図の立体（寸法線は省略している）の正面図を組み合わせによる断面図（階段断面図）とせよ（平面図には切断線を表示すること）.

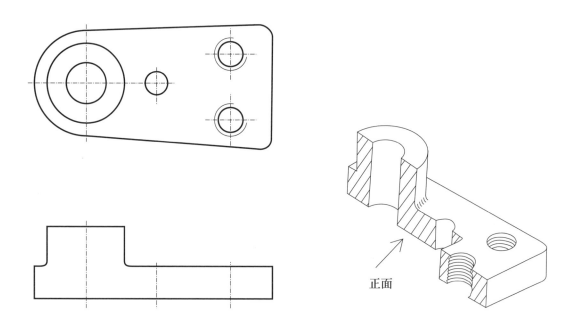

正面

学科　学籍番号　　　　　　　　　氏名

4-12. 立体図を参照し指示に従って図を完成せよ（ただし寸法線は省略している）.

（1）正面図を片側断面図とせよ.

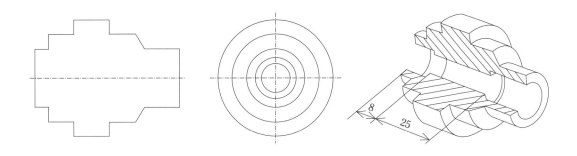

（2）正面図を組み合わせによる断面図（階段断面図）とせよ（平面図には切断線を記入せよ）.

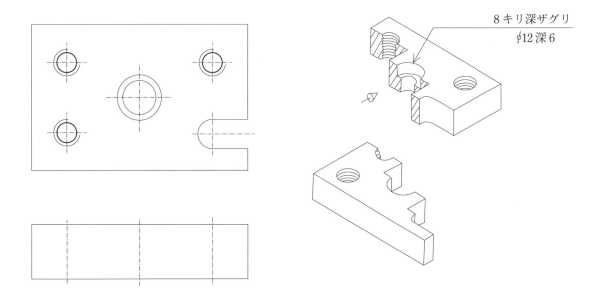

4-13. 次図のようなプラケットの各面に，表に示す仕上げを施したい．それぞれの対象面に
面の性状の記号を記入せよ．

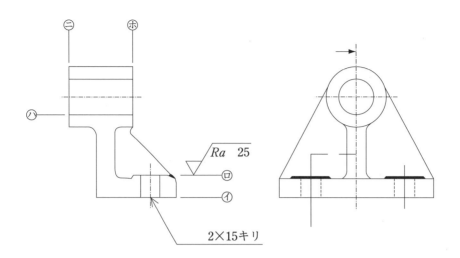

対象面	表面粗さ Ra の値	除去加工の要否
イ	6.3	必要
ロ	25	必要
ハ	1.6	必要
ニ	6.3	必要
ホ	6.3	必要
その他		問わない

学科　学籍番号　　　　　　　　　　　氏名

4-14. (1) すきまばめ，$\phi32$ H7/f6 の最大すきまと最小すきまを求めよ．また，しまりばめ，$\phi32$ H7/s6 の最大しめしろと最小しめしろを求めよ．ただし 32 mm に対する IT 基本公差は 6 級で 0.016 mm，7 級で 0.025 mm，公差域 H では下の寸法許容差 0 mm，f では上の寸法許容差 $-$ 0.025 mm，s では下の寸法許容差$+$0.043 mm である．

(2) $\phi65$ H7 $\begin{pmatrix} +0.030 \\ 0 \end{pmatrix}$と軸 $\phi65$ m6 $\begin{pmatrix} +0.030 \\ +0.011 \end{pmatrix}$とのはめあいは，【　A　】である．このときの最大すきまは【　B　】，最大しめしろは【　C　】となる．

(3) $\phi75$ H7 の穴に，$\phi75$ k6 の軸がはまりあっている次の図がある．図中の寸法線のところに，この寸法を記入せよ．他にも正しい記入法があれば，同じ図を追加して示せ．

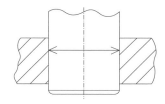

4-15. 図のような形状の軸がある．φ30 の軸線を基準として，φ55 の頭部端面の直角度公差が 0.05 mm 以下にあり，また φ55 の真円度公差が 0.02 mm 以下にあるときの幾何公差を図示せよ．

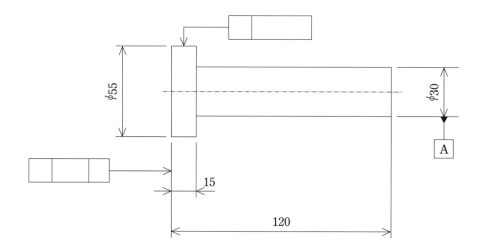

学科　学籍番号　　　　　　　　　　　氏名

4-16. 次の断面図において，φ25 穴の軸に対し，φ20 穴の軸線の平行度を 0.1 mm 以下とする
　　　　場合の幾何公差の指示を図示せよ．

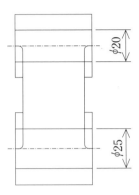

4-17. 幾何公差を図示せよ．

円筒度公差

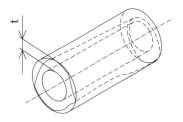

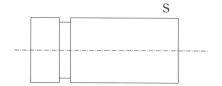

面Sを，0.1mm 離れた2つの円筒面の間に指定．

平面度公差

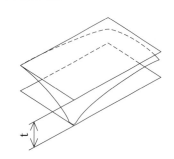

面Sを，0.08mm だけ離れた2つの平行な平面の間に指定．

4-18. 次の表は不足している箇所がある。その箇所を指摘し、書け。

	公差域の定義	指示方法および説明
真直度公差	公差域は、tだけ離れた平行二平面によって規制される。	円筒表面上の任意の実際の(再現した)母線は、0.1だけ離れた平行二平面の間になければならない。
	公差値の前に記号φを付記すると、公差域は直径tの円筒によって規制される。	公差を適用する円筒の実際の(再現した)軸線は、直径0.08の円筒公差域の中になければならない。
平面度公差	公差域は、距離tだけ離れた平行二平面によって規制される。	実際の(再現した)表面は、0.08だけ離れた平行二平面の間になければならない。
平行度公差	公差域は、距離tだけ離れ、データム軸直線に平行な平行二平面によって規制される。	実際の(再現した)表面は、0.1だけ離れ、データム軸直線Cに平行な平行二平面の間になければならない。

	公差域の定義	指示方法および説明
直角度公差	公差域は、距離tだけ離れ、直角な平行二平面によって制限される。	実際の(再現した)表面は、0.08だけ離れ、データム軸直線Aに直角な平行二平面の間になければならない。
位置度公差	公差値に記号φが付けられた場合には、公差域は直径tの円筒によって規制される。その軸線は直径C、AおよびBに関して理論的に正確な寸法によって位置付けられる。	実際の(再現した)軸線は、その穴の軸線は、データムC、AおよびBに関して直径0.08の円筒公差域の中になければならない。 89 100
円筒振れ公差	公差域は、その軸線がデータム軸線に一致する二つの円の円筒断面にあるtだけ離れた二つの円によって、軸方向の任意の半径方向の位置で規制される。	データム軸直線Dに一致する円筒軸において、軸方向の実際の(再現した)線は0.1離れた、二つの円の間になければならない。

第6章 資格試験出題例

図学と製図に関係した資格試験の例として平成23年度に実施された機械設計技術者試験（3級，機械製図科目）出題例と平成23年度後期に実施されたCAD利用技術者試験（1級，機械）出題と解答例を付録1，付録2に示す．

6・1 機械設計技術者試験問題

機械設計技術者試験は社団法人「日本機械設計工業会」が機械設計技術者の能力認定のために実施する試験である．合格者には「1級機械設計技術者」，「2級機械設計技術者」，「3級機械設計技術者」の資格が与えられ，機械設計業務に携わる技術者には必須の資格となっている．このうち，3級機械設計技術者試験は実務経験が問われないため，機械系の大学，工業高校の学生が多数受験している．試験は「機構学・機械要素」，「材料力学」，「機械力学」，「流体工学」，「熱工学」，「制御工学」，「工業材料」，「工作法」，「機械製図」の9科目について行われる．このうち，「機械製図」科目が図学と製図に直接関係している．

6・2 CAD利用技術者試験問題

CAD利用技術者試験は社団法人「コンピュータソフトウエア協会」および一般社団法人「コンピュータ教育振興協会」がCAD利用技術者の能力認定のために共催して実施する試験である．本試験は，CADの初学者を対象とした「CAD利用技術者基礎試験」，2次元CADの利用に関する知識を問う「CAD利用技術者試験（2級・1級）」，そして機械・製造系の3次元CADの基礎知識と技能を問う「3次元CAD利用技術者試験（2級・準1級・1級）」の，計3種類の試験からなっている．「CAD利用技術者試験（2級）」はCADシステム分野・製図分野の一般的な知識を問う筆記試験である．「CAD利用技術者試験（1級）」［機械・トレース・建築に分かれる］は2級合格者を対象として行われる．試験内容は製図の知識を問う筆記試験とCADによる作図能力を問う実技試験からなる．

2級，1級いずれの試験においても図学と製図の知識が問われる．2級の試験では立体から3面図，3面図から立体図を想像する能力，立体から展開図，展開図から立体を想像する能力が問われている．1級の筆記試験では製図の基礎知識，機械材料，機械加工法，表面性状・寸法公差・幾何公差の表示法について深い知識が要求され，実技試験では2次元CADソフトであるAuto CADを用いた製図能力とその根底となる図学の平面図形の知識が問われる．すなわち，2つの平面図形を回転・接触させる問題では，CAD操作の前に接点を求めるための軌跡の知識が必要になる．

平成23年度機械設計技術者試験（3級，機械製図科目）出題例と解答

付録 1

1　次の文章の空欄に当てはまる語句を［語句欄］から選び，その番号を解答用紙の解答欄【A】～【N】にマークせよ．ただし，重複使用は不可である．

　寸法はなるべく【A】に集中して記入し，図面に示す寸法は，特に指示しない限りその図面に図示した対象物の【B】寸法を示す．また，寸法はなるべく【C】して求める必要がないように記入し，いくつかの加工が必要なときは【D】ごとに寸法の配列を分けて記入する．関連する方法はなるべく【E】にまとめて記入し，必要に応じて【F】とする点，線または面を基にして記入する．

　寸法は【G】する記入を避け，機能上で必要な場合には製作，組立の【H】を考慮して寸法の【I】を指示する．なお，寸法のうち，参考寸法については，寸法数値に【J】を付ける．

　連続した部分の寸法記入法としては，軸長さ方向の寸法を連続して順次記入する方法の【K】寸法記入法，基準箇所から個々に寸法を記入する方法の【L】寸法記入法などがある．【L】寸法記入法を簡便にした方法として【M】寸法記入法がある．この方法は，基準となる部分からの個々の部分の方法を，1本の連続した寸法線を用いて簡便に表示できる．寸法の基準位置に【N】記号の白丸（○）で示し，寸法線の他端は矢印で示す．

［語句群］
①基　準　　　②工　程　　　③互換性　　　④主投影図　　　⑤許容限界
⑥計　算　　　⑦1か所　　　⑧仕上がり　　⑨並　列　　　　⑩起　点
⑪累　進　　　⑫直　列　　　⑬括　弧　　　⑭重　複

2　次の［Ⅰ群］に寸法記入の数値記号を示している．その意味を［Ⅱ群］から選び，その番号を解答用紙の解答欄【A】～【J】にマークせよ．

［Ⅰ群］
【A】□20　　　【B】ϕ20　　　【C】t2　　　【D】20（下線）

【E】R20　　　【F】20△　　　【G】C2　　　【H】SR20

【I】Sϕ20　　【J】⌒20

[Ⅱ群]

① 半径 20 mm　　② 球の半径 20 mm　　③ 正しい尺度ではない

④ 正方形の辺 20 mm　⑤ 直径 20 mm　　⑥ 円弧の長さ 20 mm

⑦ 板の厚さ 2 mm　　⑧ 出図後寸法の訂正　⑨ 45°面取り 2 mm

⑩ 球の直径 20 mm

3 次の各設問に答えよ.

【A】 2種類以上の線が同じ場所に重なる場合，正しい優先順位を一つ選び，解答用
紙の解答欄【A】にマークせよ.

①外形線，中心線，切断線，かくれ線，重心線，寸法補助線

②外形線，かくれ線，中心線，切断線，重心線，寸法補助線

③外形線，中心線，かくれ線，切断線，重心線，寸法補助線

④外形線，かくれ線，切断線，中心線，重心線，寸法補助線

【B】 想像線の用途として，正しく説明しているものを一つ選び，その番号を解答用
紙の解答欄【B】にマークせよ.

①図形内にその部分の切り口を 90°回転して表すのに用いる線である.

②対象物の一部を破った境界，または一部を取り去った境界を表すのに用いる線であ
る.

③可動部分を，移動中の特定の位置または移動の限界の位置で表すのに用いる線であ
る.

④とくに位置決定のよりどころであることを明示するのに用いる線である.

【C】 材料記号について，正しく説明しているものを一つ選び，その番号を解答用紙
の解答欄【C】にマークせよ.

①材料記号 FC200 のうち，記号 F は鉄を示し，記号 C は炭素を示す.

②材料記号 SS400 は，機械構造用炭素鋼鋼材を示す.

③材料記号 S10C のうち，数値 10 と記号 C で炭素含有量を示す.

④材料記号 SF440 のうち，記号 S は鋼を示し，記号 F は鋳造品を示す.

【D】 寸法の普通公差において，公差等級の記号と説明の組合せで正しく説明してい
るものを一つ選び，その番号を解答用紙の解答欄【D】にマークせよ.

①m・・・・・中級

②v・・・・・粗級

③f・・・・・極粗級

④c・・・・・精級

【E】軸と穴のはめあいについて，正しく説明しているものを一つ選び，その番号を
　　解答用紙の解答欄【E】にマークせよ．

①軸の直径が穴の直径より小さい場合の両方の直径の差をしめしろという．

②軸のはめあい記号は，アルファベットの大文字で表す．

③はめあい方式において，一般に穴基準はめあいよりも軸基準はめあいの方が軸加工
　が容易で，使用する工具やゲージも安価であり，多く用いられる．

④しまりばめにおいて，軸の最大許容寸法と穴の最小許容寸法の差を最大しめしろと
　いう．

 次の表面性状に関する設問に答えよ．

（1）下表に除去加工の節目方向の説明図を示す．説明図に対応する筋目方向の記号
　　を下記の［記号群］より選び，その番号を解答用紙の解答欄【A】～【G】にマー
　　クせよ．

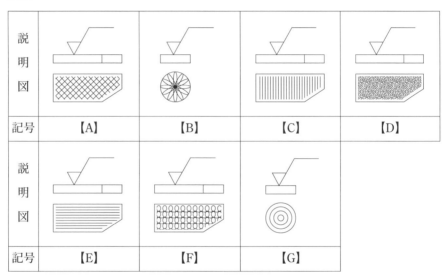

［記号群］
① C　　　② M　　　③ P　　　④ R　　　⑤ ×　　　⑥ ＝　　　⑦ ⊥

（2）下図の表面性状の図示記号を示す．表面性状で要求される表面性状パラメータ，
　　加工方法，筋目とその方向，削り代などの事項を指示する位置はいずれか．各
　　事項の指示する位置の番号を解答用紙の解答欄【H】～【K】にマークせよ．

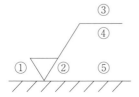

【H】表面性状パラメータ
【I】加工方法
【J】筋目とその方向
【K】削り代

5 次に示す図はそれぞれのデータム A に対する B 面の平行度公差，円周振れ公差，直角度公差の幾何公差を記入するための図である．それぞれの右側に示した記入法の正しいものを一つ選び，その番号を解答用紙の解答欄【A】〜【C】にマークせよ．

【A】データム A に対する B 面の平行度公差 0.01 mm.

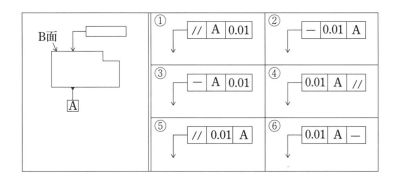

【B】データム A に対する端面の円周振れ公差 0.1 mm.

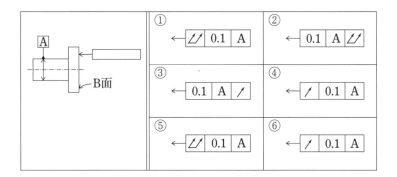

【V】データム A に対する B 面の直角度公差 0.02 mm.

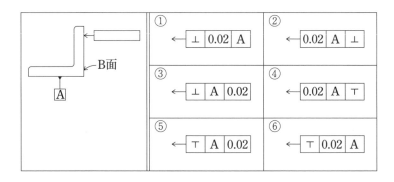

6 次に示す溶接記号の設問に答えよ.

【A】に示す図は，J 形溶接の実形を示したものである．右側に図示した 4 つの図から
　　　正しい溶接記号の記入法を一つ選び，その番号を解答用紙の解答欄【A】にマー
　　　クせよ．

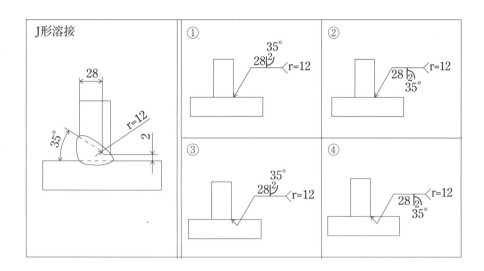

【B】次に示す図は，全周現場溶接で連続すみ肉溶接円管の実形を示したものである．
　　　右側に図示した 4 つの図から正しい溶接記号の記入法を一つ選び，その番号を
　　　解答用紙の解答欄【B】にマークせよ．

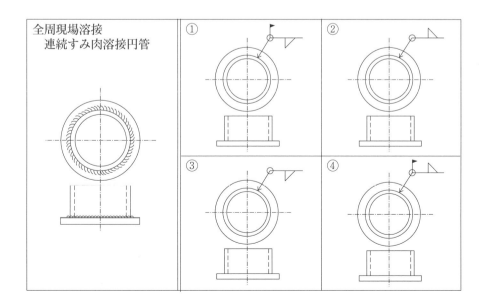

平成 23 年度機械設計技術者試験（3 級，機械製図科目）解答

[1] 寸法記入法に関する問題

解答：A-4，B-8，C-6，D-2，E-7，F-1，G-14，H-3，I-5，J-13，K-12，L-9，M-11，N-10

[2] 寸法補助記号に関する問題

解答：A-4，B-5，C-7，D-3，E-1，F-8，G-9，H-2，I-10，J-6

[3] 線の種類と用途，材料記号，寸法公差に関する問題

解答：A-4，B-3，C-3，D-1，E-4

[4] 表面性状に関する問題

解答：A-5，B-4，C-7，D-3，E-6，F-2，G-1，H-4，I-3，J-2

[5] 幾何公差に関する問題

解答：A-5，B-4，C-1

[6] 溶接記号に関する問題

解答：A-3，B-1

付録 2

平成 23 年度後期 CAD 利用技術者試験（1 級, 機械）出題例と解答

【機械・トレース・建築共通】受験上の注意

1. 試験監督官の指示があるまで決して開けないこと。

2. 試験時間は 80 分とし、データの保存時間も試験時間内に含まれる。
   筆記問題、実技問題のどちらから始めても構わない。

3. 試験時間の内容および解答に関する質問は受付けない。

4. 試験問題、フラッシュメモリ、解答用紙、受験票を持ち帰った場合は、結果の如何を問わず「失格」とする。

5. 受験票は机上の試験監督官の見やすい位置に提示しておくこと。

6. 受験者シールに印字されている受験番号と氏名・TYPE番号を必ず確認し、以下の項目を記入すること。
   使用 CAD ソフト名：Ver は不要（フラッシュメモリに貼る受験者シールのみに記入）。

7. 試験問題、フラッシュメモリ収納袋(中央部分に貼る)、解答用紙の所定欄にそれぞれ受験者シールを貼付すること。
   貼付されていない場合は、「採点対象外」とする。

8. 筆記問題の解答用紙はマークシート形式なので、枠からはみ出さないように塗りつぶすこと。

9. 解答は濃い黒の鉛筆（HB 程度）を使用し、間違えた場合には消しゴムできれいに消すこと。

10. その他、試験監督官の指示に従うこと。

【採点対象外となる事項】
- 解答枠の「ファイル名」「氏名」の未記入、誤記入
- 「受験者シール」の貼り忘れ
- 「受験申込分野」「保存形式」「使用解答枠」の間違い
- その他、指示された事項に反している場合

【機械】受験上の注意

1. 図面用紙、尺度は、**配布図面（A1、1／1）**をそのまま使用すること。
2. 単位は全て **mm（ミリメートル）**とする。
3. NAME（受験者名）を正確に記入し、略式記入は行わないこと。「漢字」または「ローマ字」のどちらでも構わない。ただし、**「指定されたレイヤに指定された字高」で記入**すること。
   記入されていない場合は、「採点対象外」とする。
4. 解答枠内の中心線、解答枠、部品の位置を移動・削除・回転および尺度を変更しないこと。
   ※作図上必要な修正は行ってもよい。
5. 以下の属性情報については自由に設定しても構わない。
   - レイヤ、図形の色（使用する色に制限や基準はない）
   - 線種の種類（例：「一点鎖線」であれば、どの種類を使用しても構わない）
   - 線種の尺度（線の要素の長さなどの設定に制限や基準はない）
   ※線の太さを設定する必要はない。ただし、適切なレイヤ（線種ごと）に作図すること。
6. 試験問題は、筆記問題が 5 問、実技問題が 3 問、1 頁〜7 頁の計 7 頁である。
7. 実技問題の解答データは、配布されたフラッシュメモリに保存すること。**データ保存時のファイル名は自分の受験番号（半角英数字）で保存**すること。分野を記入する必要はない。
   ××××-××××（自分の受験番号）
   ファイル名の記入例　10001-1001　など　※数字およびハイフンは半角で記入すること。
   ※なおファイル名の記入例には、保存時に選択すると自動的に表示される拡張子「.dxf」は記入していない。指示どおり保存されていない場合は、「採点対象外」とする。
8. ファイルの保存形式は、**DXF 形式で保存**すること。
9. 仕上がり図形以外の図形要素（補助線・下書き線等）はすべて削除すること。ただし、作図上自動生成された「レイヤ」等、図形を含まないレイヤについては、削除しなくてよい。
10. その他、作図条件に従って作図を行うこと。

【筆記試験】

問1
　次の設問は「機械製図の基礎知識」について問うものである。次の空欄の（　　　）内に当てはまる最も適切な語句を、解答群Ａ～Ｏより１つ選び記号で答えなさい。

設問1　「3R」とは（　1　）に制定された循環型社会形成推進基本法で導入された考え方である。
設問2　再生紙のノートや低公害車など、環境負荷ができるだけ少ないものを選択して購入することを推進するための法律は（　2　）である。
設問3　日本工業規格において（　3　）は機械部門を表している。
設問4　図面において、「形状情報」、「寸法情報」、「属性情報」などが記入されている図面は、（　4　）である。
設問5　図面の大きさにおいて（　5　）だけは長辺を縦方向に配置してもよい。

【解答群】
　　　　［A］部品図　　　　　　　　　　［B］製品図　　　　　　　　　　［C］組立図
　　　　［D］PRTR法　　　　　　　　　［E］資源有効利用促進法　　　　［F］グリーン購入法
　　　　［G］A3　　　　　　　　　　　　［H］A4　　　　　　　　　　　　［I］A5
　　　　［J］200 0年　　　　　　　　　　［K］200 1年　　　　　　　　　　［L］200 2年
　　　　［M］JIS A　　　　　　　　　　　［N］JIS B　　　　　　　　　　　［O］JIS C

問2
　次の設問は「材料」および「材料記号」について問うものである。次の空欄の（　　　）内に当てはまる最も適切な語句を、解答群Ａ～Ｏより１つ選び記号で答えなさい。

設問6　合金の基本となる金属で酸化されやすく、非常に軽量などの性質を持つ金属は（　6　）である。
設問7　熱硬化性樹脂に分類される略号「PUR」は（　7　）である。
設問8　熱可塑性樹脂に分類される略号「PMMA」は（　8　）である。
設問9　一般構造圧延鋼を示す材料記号は（　9　）である。
設問10　「A5154P」や「A5N01P」は（　10　）の材料記号を表す。

【解答群】
　　　　［A］ポリプロピレン　　　　　　［B］ポリエチレン　　　　　　　［C］アクリル樹脂
　　　　［D］S45C　　　　　　　　　　　［E］SS400　　　　　　　　　　　［F］SCM435
　　　　［G］タングステン　　　　　　　［H］鉛　　　　　　　　　　　　　［I］マグネシウム
　　　　［J］伸銅材　　　　　　　　　　［K］アルミニウム展伸材　　　　［L］圧延材
　　　　［M］ウレタン樹脂　　　　　　　［N］メラミン樹脂　　　　　　　［O］エポキシ樹脂

172

問3
　次の設問は「加工方法」について問うものである。次の空欄の（　　　）内に当てはまる最も適切な語句を、解答群A～Oより1つ選び記号で答えなさい。

設問11　主にパイプ状の樹脂に空気を送り込み、膨らませて中空成形する方法を（　11　）という。
設問12　金型によるプレス成形などは、自動車産業や家電産業などのように（　12　）を行う部門で広く使われている。
設問13　仕上げ加工は、一般にやすり、紙やすり、（　13　）などを用いた研磨を行う。
設問14　焼入、浸炭・窒化などの表面処理は（　14　）に分類される。
設問15　ロストワックス法とは（　15　）の一種である。

【解答群】
　　［A］単品生産　　　　　　　　　［B］大量生産　　　　　　　　　［C］少量生産
　　［D］砥石　　　　　　　　　　　［E］ドリル　　　　　　　　　　［F］バイト
　　［G］精密鋳造法　　　　　　　　［H］精密鍛造法　　　　　　　　［I］精密圧延法
　　［J］真空成形法　　　　　　　　［K］射出成形法　　　　　　　　［L］ブロー成形法
　　［M］化成処理　　　　　　　　　［N］金属皮膜処理　　　　　　　［O］表面硬化処理

問4
　次の設問は「機械要素」について問うものである。次の空欄の（　　　）内に当てはまる最も適切な語句を、解答群A～Oより1つ選び記号で答えなさい。

設問16　ねじの表記において「Tr10×2」は（　16　）を表す。
設問17　（　17　）はボルト穴が大きすぎたり、座面が平らでないなどのときに、ボルトと共に用いられる機械要素である。
設問18　キー溝を図示する場合は、キーが（　18　）になるように描く。
設問19　下図はねじを示した図である。おねじの表し方で正しいのは（　19　）である。

　　　図1　　　　　　　　　　　図2　　　　　　　　　　　図3

設問20　歯車の図面は、歯車の歯を（　20　）の機械加工を終了した状態の形状、寸法を示す。

【解答群】
　　［A］図1　　　　　　　　　　　［B］図2　　　　　　　　　　　［C］図3
　　［D］加工後　　　　　　　　　　［E］加工中　　　　　　　　　　［F］加工する直前まで
　　［G］アイボルト　　　　　　　　［H］座金　　　　　　　　　　　［I］ちょうナット
　　［J］ミニチュアねじ　　　　　　［K］メートル台形ねじ　　　　　［L］ユニファイねじ
　　［M］下側　　　　　　　　　　　［N］上側　　　　　　　　　　　［O］右側

問5
　次の設問は「寸法公差とはめあい」および「幾何公差」について問うものである。
次の空欄の（　　　）内に当てはまる最も適切な語句を、解答群A～Oより1つ選び記号で答えなさい。

設問21　はめあいにおいて、穴の最大許容寸法より軸の最小許容寸法が大きい場合のはめあいは（　21　）
　　　　である。
設問22　許容限界寸法とは基準寸法と（　22　）を足したものである。
設問23　下図において表面性状を指示する場合、正しい記入は（　23　）である。

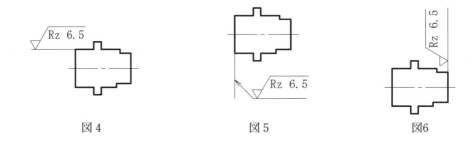

図4　　　　　　　　　　　　図5　　　　　　　　　　　　図6

設問24　幾何公差を表す記号において、◯　は（　24　）を表す。

設問25　幾何公差を表す記号において、＝＝　は（　25　）を表す。

【解答群】
　　　　［A］公差　　　　　　　　　［B］寸法差　　　　　　　　［C］最小許容寸法
　　　　［D］しまりばめ　　　　　　［E］すきまばめ　　　　　　［F］中間ばめ
　　　　［G］真円度公差　　　　　　［H］円筒度公差　　　　　　［I］真直度公差
　　　　［J］図4　　　　　　　　　［K］図5　　　　　　　　　［L］図6
　　　　［M］平行度公差　　　　　　［N］位置度公差　　　　　　［O］対称度公差

【実技試験】

≪作図条件≫

・図面用紙、尺度は全て配布図面（A1、1/1）をそのまま使用すること。
・単位は、全てmm（ミリメートル）とする。
・NAME（受験者名）を正確に記入し、略式記入は行わないこと（レイヤは「moji」とし、字高は1/1で出力した際に7mmになる大きさとする）。記入は、「漢字」または「ローマ字」のどちらでも構わない。
・指定の解答枠を使用し、指定された解答欄に解答すること。
・解答枠内の中心線、解答枠、部品の位置を移動・削除・回転および尺度を変更しないこと。
　ただし、作図上必要な修正は行ってもよい。
・解答枠データを取り込んだ際、レイヤが変更されてしまったものについては、下記名称（ローマ字）を参照し、レイヤ設定を行うこと。レイヤおよび線種は、設定（下記）に従い描くこと。

　　　・waku　　　　　　　　解答枠
　　　・futoi_jissen　　　　　太い実線
　　　・hosoi_jissen　　　　　細い実線
　　　・hosoi_hasen　　　　　細い破線
　　　・hosoi_ittensasen　　　細い一点鎖線
　　　・moji　　　　　　　　文字

・文字・記号、寸法線、寸法補助線、寸法数値は記入しないこと。
・中心線、かくれ線は必要に応じて作図すること。
　ただし、かくれ線については各設問の記載に従うこと。
・レイヤの色および線の色は自由に設定してよい。
・登録図形・ブロック・グループ等は全て分解した上でファイルを作成すること。
・提出データは「DXF形式」とする。

問1
　付図1は「カム」を用いた機構を表した図である。作図条件に従い付図1を作図しなさい。

≪作図条件≫
1. 作図位置は配布図面、問1の解答枠に描かれた回転中心を基準に部品1、部品2を作図すること。
2. 作図は付図2の寸法を参考に作図すること。
3. 部品1と部品2は常に接しているものとする。ただし部品1の接する点はR20とR100が接している点A（部品1）とする。
4. 中心線は必要に応じて作図してもよい。また、かくれ線は作図しないこと。
5. 中心線を含む図形要素以外は作図しないこと。

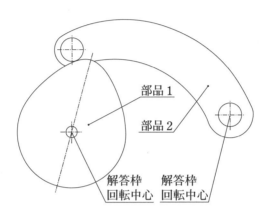

付図1

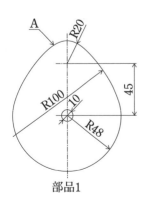

部品1

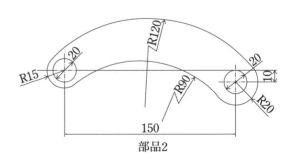

部品2

176

問 2
　付図 3 は「樹脂成形品」を表した図である。作図条件に従い付図 3 を作図しなさい。

≪作図条件≫
1. 作図位置は配布図面、問 2 の解答枠に描かれたそれぞれの基準線をもとに作図すること。
2. 作図は正面図、右側面図、平面図とし、それぞれの寸法は付図 3 を参考に作図すること。
3. 中心線は必要に応じて作図すること。
4. 正面図右側は片側断面図とし、付図 3 を参考に作図すること。
5. 正面図左側（片側断面図以外）はかくれ線も全て作図すること。
6. 各部に示されている寸法は描かないこと。
7. 付図 3 は作図途中であり、かくれ線等はすべて描かれていない。
8. 樹脂成形品の肉厚は 2mm とする。

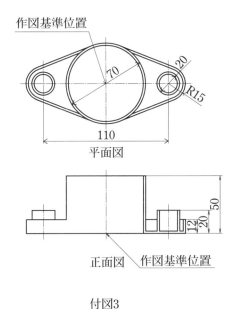

付図3

問3
　付図4は「レンチ」を表した図である。作図条件に従い付図4を作図しなさい。

≪作図条件≫
1. 作図位置は配布図面、問3の解答枠に描かれた基準線を表す線を基準に作図すること。
2. Ａ寸法40ｍｍの部品を作図することとし、各部の寸法は表1より適切な寸法を選び用いること。
3. 中心線を含む図形要素以外、寸法線などは作図しないこと。
4. 左右の円の中の形状は付図5を参考に作図すること。
5. 付図4は中間を省略してあるが、解答は省略しないで作図すること。

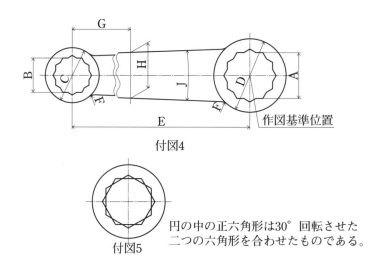

付図4

付図5

円の中の正六角形は30°回転させた
二つの六角形を合わせたものである。

各　部　の　寸　法								
A	B	C	D	E	F	G	H	J
34	24	φ42	φ58	195	R8		38	
36	26	φ44	φ60	200	R8		38	
38	28	φ46	φ62	205	R10	$\dfrac{E}{2}$	40	4°
40	30	φ48	φ64	210	R10		40	
42	32	φ50	φ66	215	R12		42	
44	34	φ52	φ68	220	R12		42	

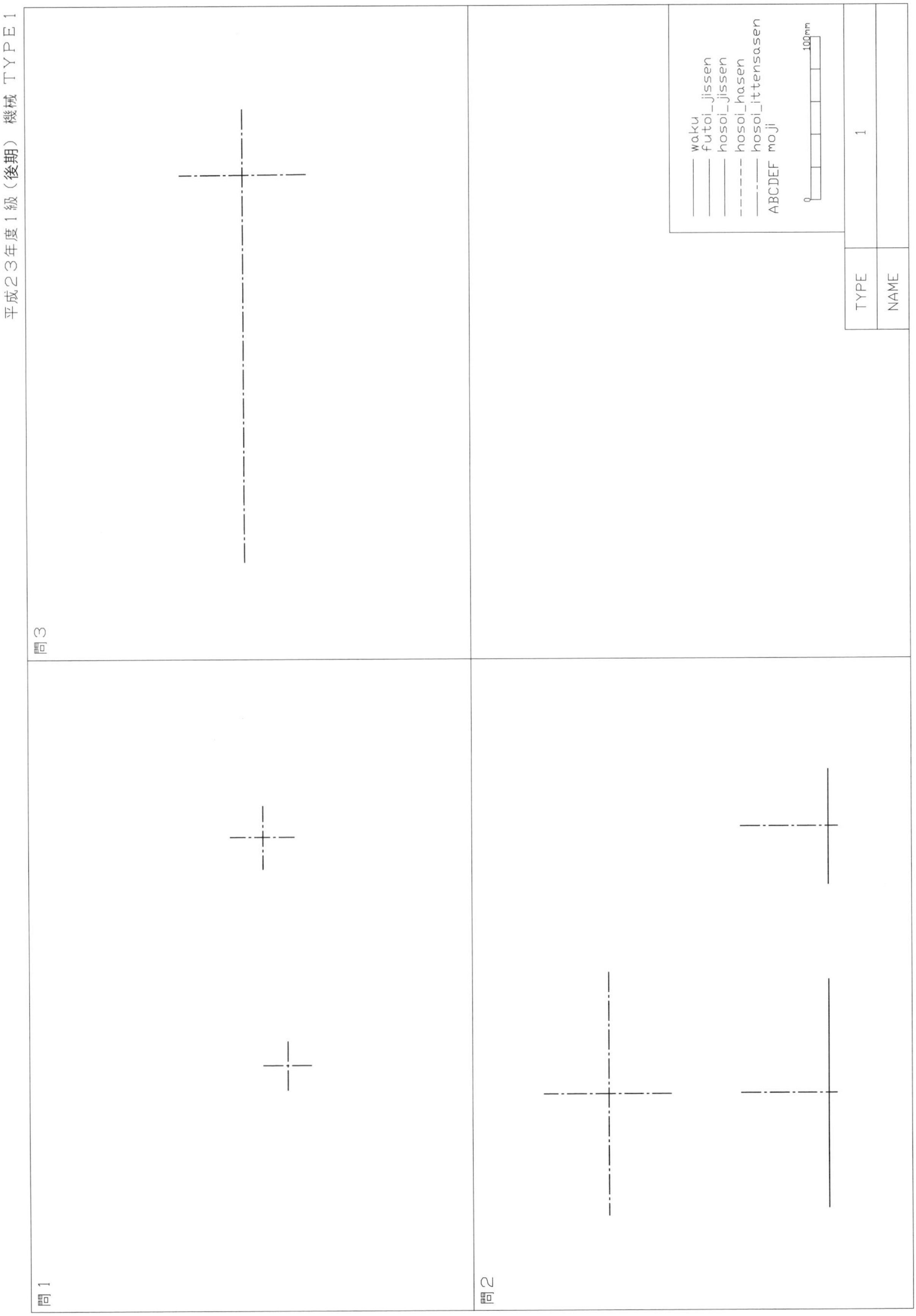

平成23年度1級（後期）　機械　TYPE1

問3

問1

問2

waku
futoi_jissen
hosoi_jissen
hosoi_hasen
hosoi_ittensasen
ABCDEF moji

100mm

1

TYPE

NAME

平成 23 年度後期 CAD 利用技術者試験（1 級，機械）解答

【筆記試験】

[1] 「機械製図の基礎知識」について問う問題

　　解答：1-J，2-F，3-N，4-A，5-H

　　解説：JISA は，建築，土木部門，JISC は電気部門の記号．

[2] 「材料」および「材料記号」について問う問題

　　解答：6-I，7-M，8-C，9-E，10-K

　　解説：材料は鉄鋼，非鉄金属，非金属材料に分けられる．

[3] 「加工方法」について問う問題

　　解答：11-L，12-B，13-D，14-O，15-G

　　解説：砥石は研削加工に，ドリルは施削加工に，バイトは切削加工に用いられる．

[4] 「機械要素」について問う問題

　　解答：16-K，17-H，18-N，19-A，20-F

　　解説：アイボルトは円環にボルトがついたもので，重量物をつり上げるのに用いられる．

[5] 「寸法公差とははめあい」および「幾何公差」について問う問題

　　解答：21-D，22-B，23-J，24-G，25-O

　　解説：本文第 4 章「寸法公差記入法」，「表面性状表示法」参照．

【実技試験】

[1] 「カムを用いた機構」の CAD 製図

　　解答：解答枠内に示す．

　　解説：作図手順を以下に示す．

　　　（1）部品 1，部品 2 の解答枠回転中心を示す．

　　　（2）部品 1 の作図途中（2 円に接する円の作図まで）を示す．
　　　　　部品 1 の解答枠回転中心にして，Φ10，R48 の円を描く．Φ10 の円の中心を 45 mm オフセットし，R20 の円を描く．R20 の円と R48 の円に接する R100 の円を描く．

　　　（3）部品 1 の作図完了（不要部のトリミング）までを示す．
　　　　　不要部をトリミングし，部品 1 の作図を完了する．R20 の円と R100 の円の接する点 A の位置は残しておく．

　　　（4）部品 2 の作図途中（2 円に接する円の作図まで）を示す．
　　　　　部品 2 の解答枠回転中心にして，Φ20，R20 の円を描く．Φ20 の円の中心を，左へ 150 mm，上へ 10 mm オフセットし，Φ15，Φ20 の円を描く．R15 の円と R20 の円に接する R120 および R90 の円を描く．

　　　（5）部品 2 の作図完了（不要部のトリミング）までを示す．
　　　　　不要部をトリミングし，部品 2 の作図を完了する．部品 1 の R20 の円と R100 の円の接する点 A の位置は残しておく．

(6) 部品 1, 部品 2 接触時の Φ20 の円の中心の作図を示す.
部品 2 の Φ20 の円の中心は軌跡 1 と軌跡 2 の交点 O として求められる. 部品
1 上の A 点で接する Φ20 の円の中心 O1 を点 O まで回転し, 部品 2 の Φ20 の
円の中心 O2 を点 O まで回転すれば部品 1 と部品 2 は接することになる.

(7) 接触位置への部品 2 の回転
回転コマンドにより部品 2 を点 O2 の方向から点 O の方向まで回転させる.

(8) 接触位置への部品 1 の回転
回転コマンドにより部品 1 を点 O1 の方向から点 O の方向まで回転させる.

(9) 部品 1 と部品 2 の接触状態の完了.
不要部を削除して, 部品 1 と部品 2 の接触状態の解を得る.

次に AUTO CAD LT 2012 による作図の例を上記作図手順に対応して示す.

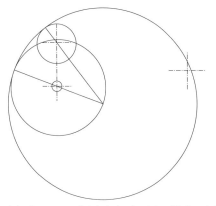

(1) 問 1 部品 1, 部品 2 の回転中心

(2) 部品 1 の作図途中 (2 円に接する円)

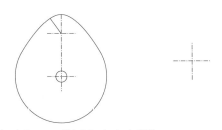

(3) 部品 1 の作図完了 (不要部のトリミング)

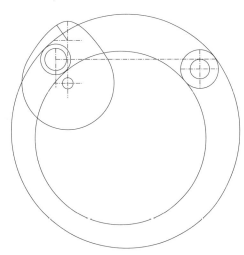

(4) 部品 2 の作図途中 (2 円に接する円)

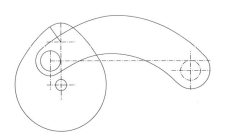

(5) 部品 2 の作図完了 (不要部のトリミング)

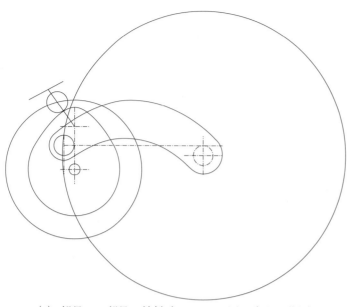

(6) 部品1，部品2接触時のφ20の円の中心の作図

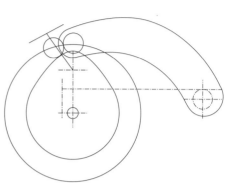

(7) 接触位置への部品2の回転

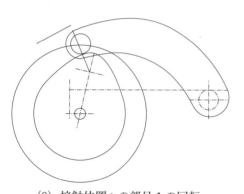

(8) 接触位置への部品1の回転

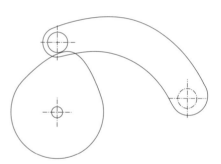

(9) 部品1，部品2の接触状態

[2]「樹脂成型品」のCAD製図

  解答：解答枠内に示す．

[3]「レンチ」のCAD製図

  解答：解答枠内に示す．

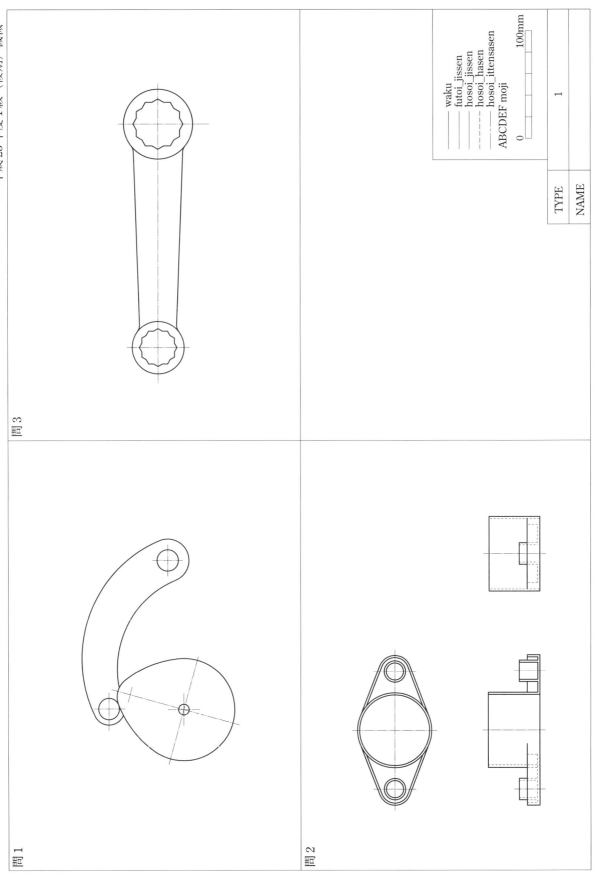

平成 23 年度 1 級（後期）機械

問 3

問 1

問 2

waku
futoi_jissen
hosoi_jissen
hosoi_hasen
hosoi_ittensasen
ABCDEF moji

0   100mm

TYPE   1

NAME

第5章演習問題の解答

1-1

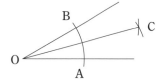

1-2

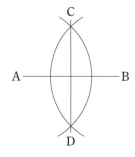

1-3

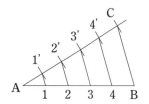

1-4

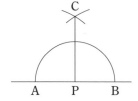

1-5

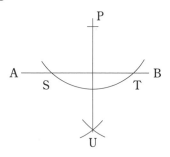

1-6

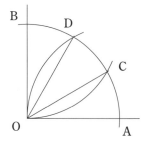

1-7

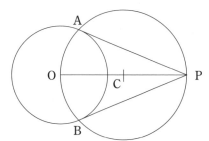

1-8

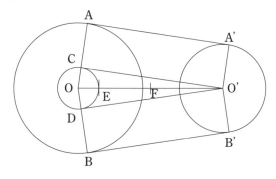

1-9

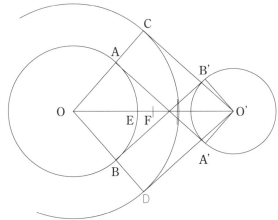

1-10

図 **1-24** 参照

1-11

図 **1-22** 参照

1-12

図 **1-10** 参照

1-13

図 **1-11** 参照

1-14

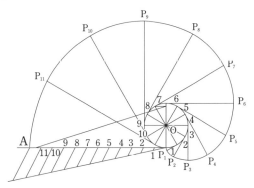

1-15

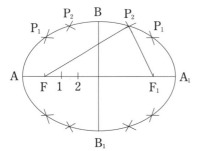

1-16

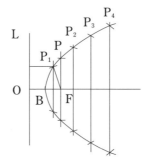

1-17

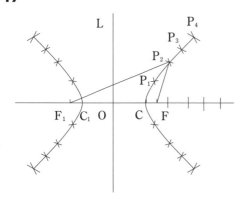

1-18

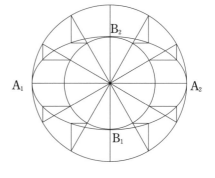

2-1

(1)

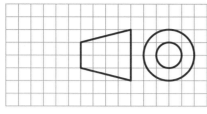
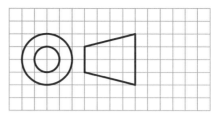

(a) 第1角法　　　　　　　　　　(b) 第3角法

(2)

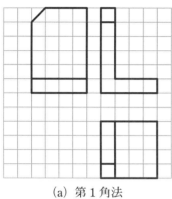
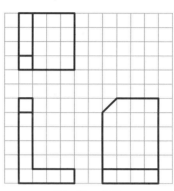

(a) 第1角法　　　　　　　　　　(b) 第3角法

(3)　立体Bの3面図（正面図，平面図，右側面図）

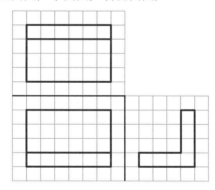

2-2

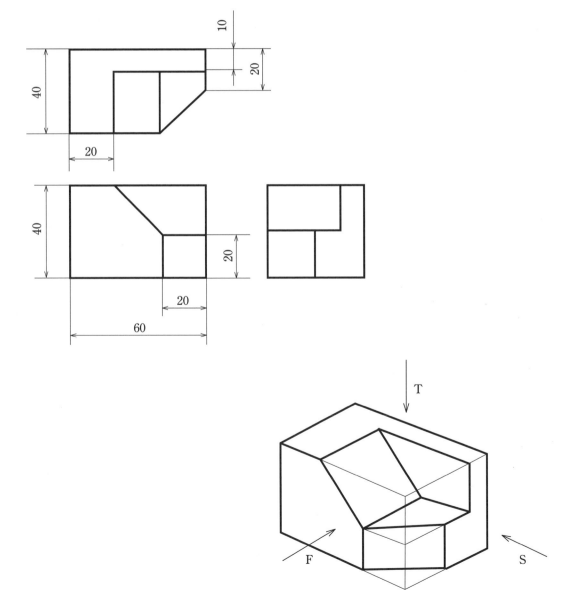

2-3

①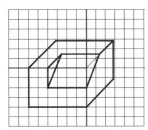

②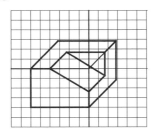

③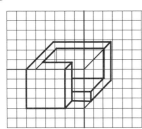

④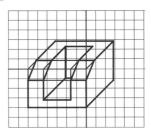

2-4

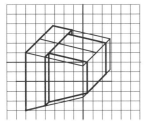

2-5

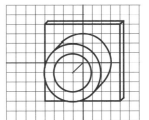

2-6

①

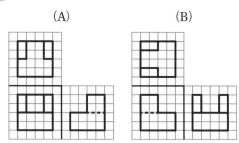

(A)　　　　　　　　(B)

②

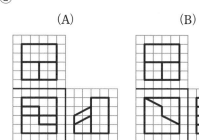

(A)　　　　　　　　(B)

③

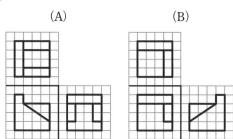

(A)　　　　　　　　(B)

④

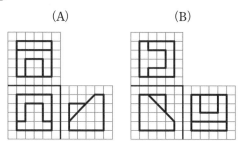

(A)　　　　　　　　(B)

2-7

① (A)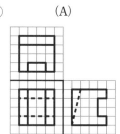

(B)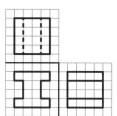

(C)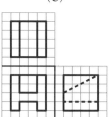

(D)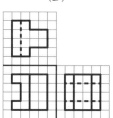

② (A)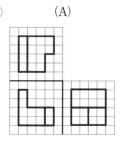

(B)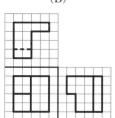

(C)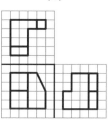

(D)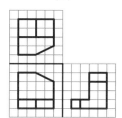

2-8

① ② ③ ④ ⑤ ⑥

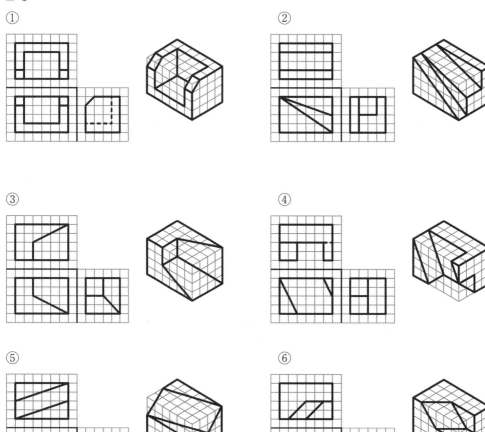

2-9

①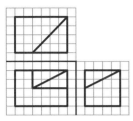

②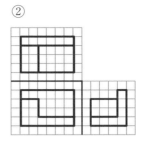

③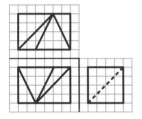

④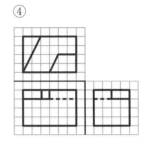

⑤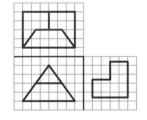

⑥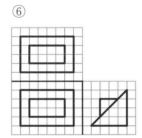

2-10

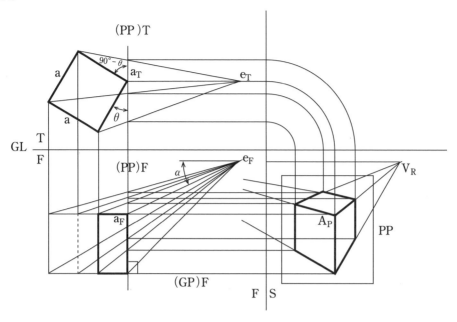

2-11

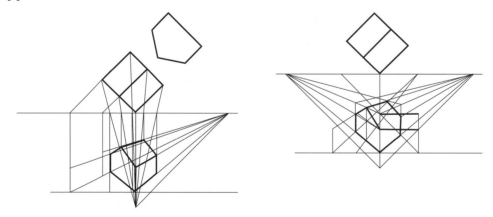

2-12

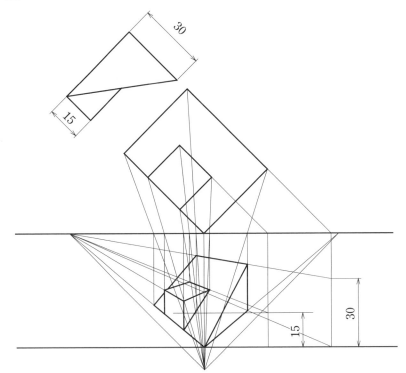

3-1

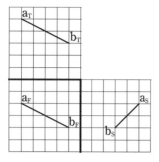
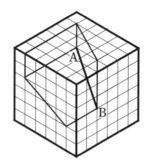

3-2

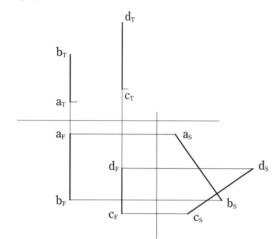

3-3

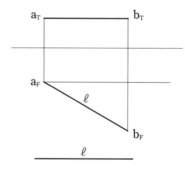

3-4

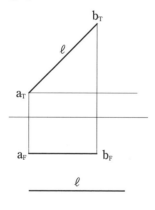

3-5

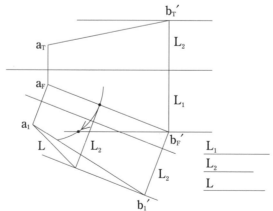

(a) 任意の直線の実長作図　　　　(b)全条件を満たす直線

196

3-6

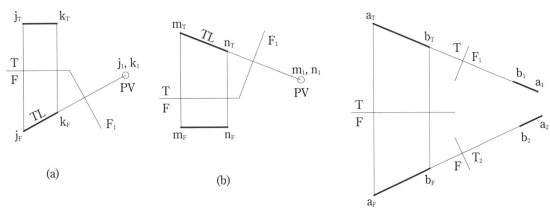

(a)

(b)

(c)

3-7

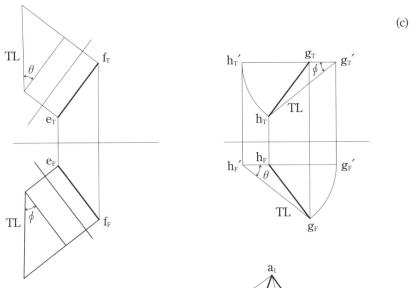

3-8

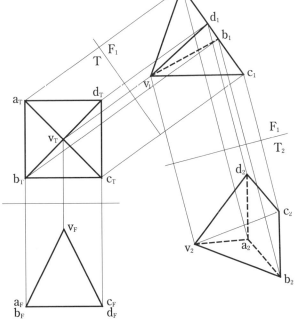

3-9

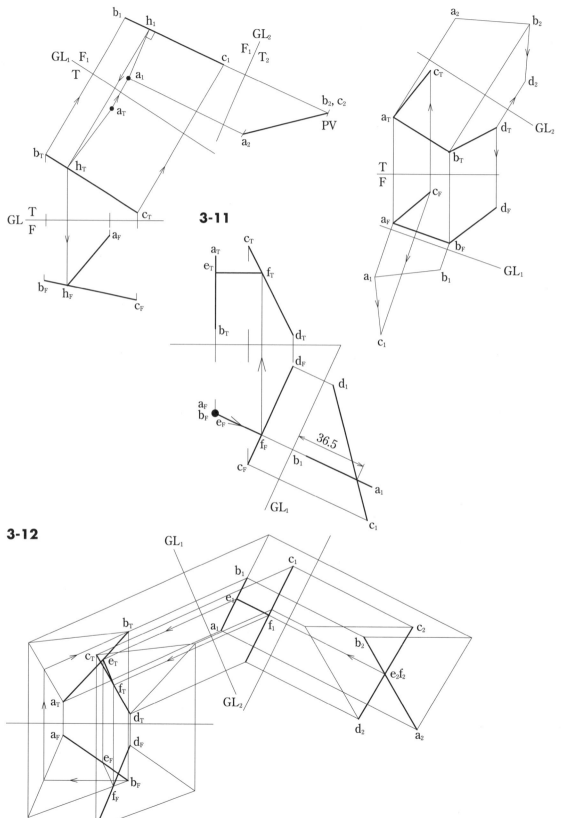

3-10

3-11

3-12

198

3-13

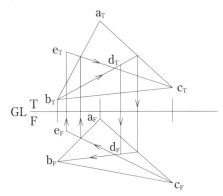

3-14

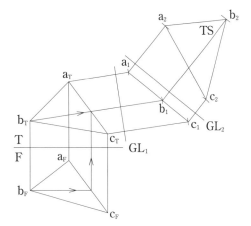

3-15

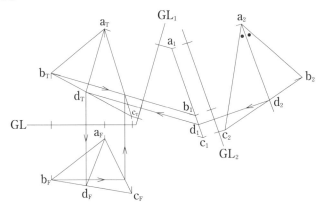

3-16

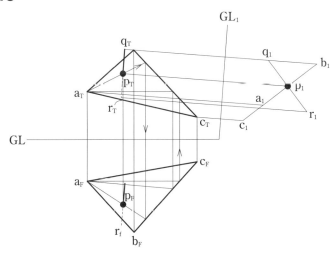

3-17

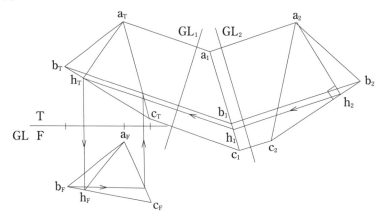

3-18

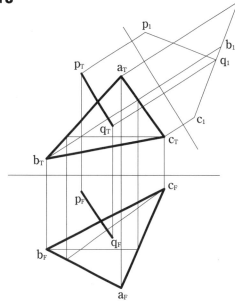

3-19

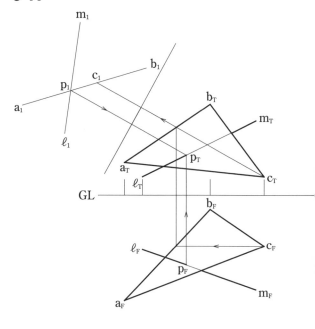

3-20

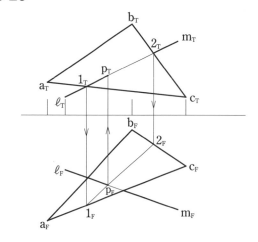

3-21

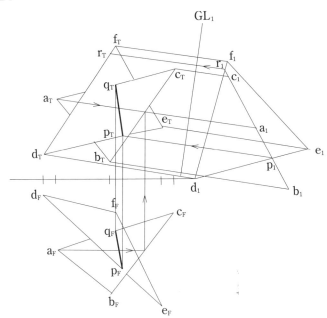

3-22

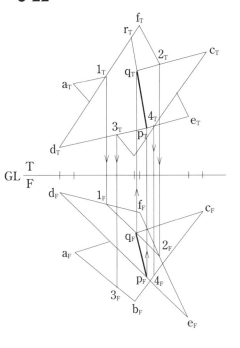

3-23

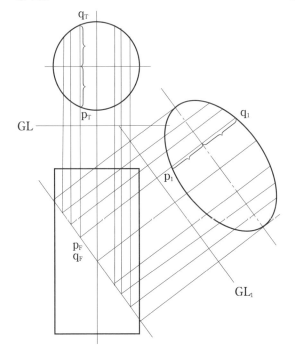

3-24

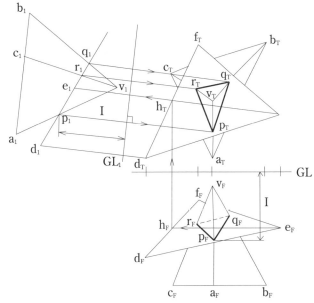

3-25

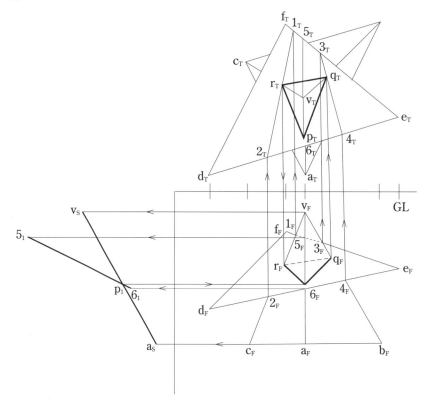

3-26

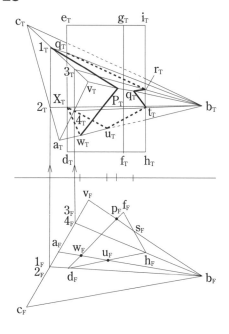

3-27

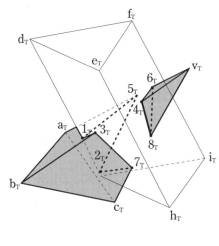

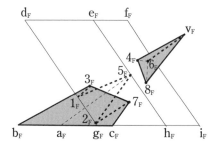

3-28

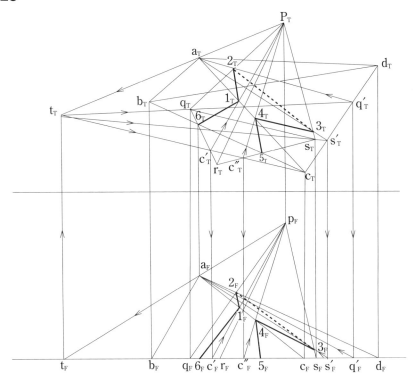

3-29　　　　　　　　　　　　　　　　　　　　**3-30**

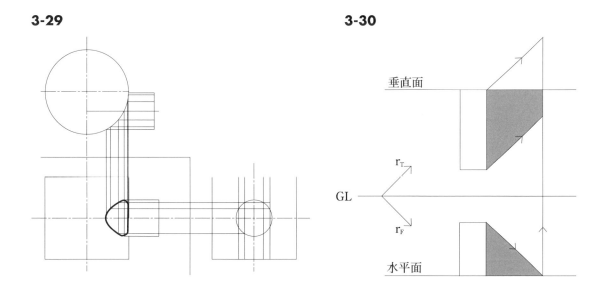

3-31

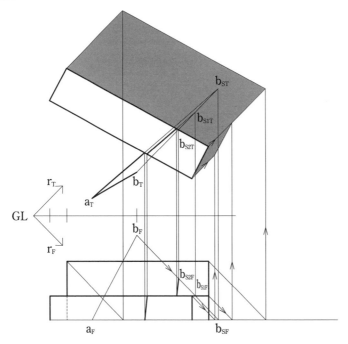

3-32

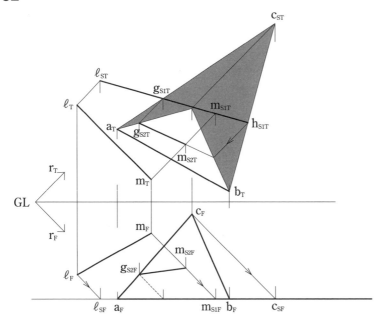

3-33

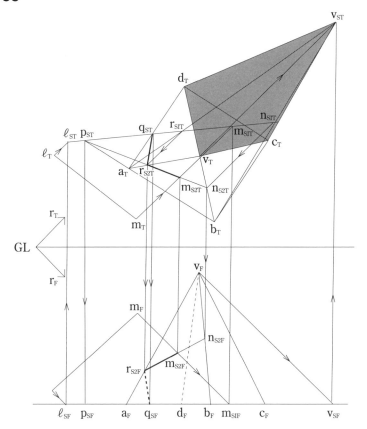

3-34 と **3-35** の解答は省略.

3-36

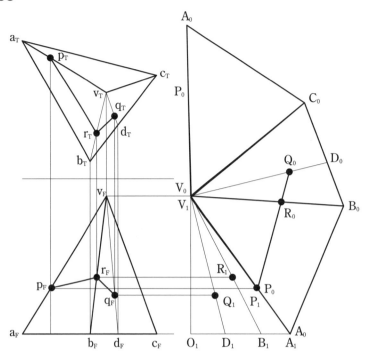

3-37

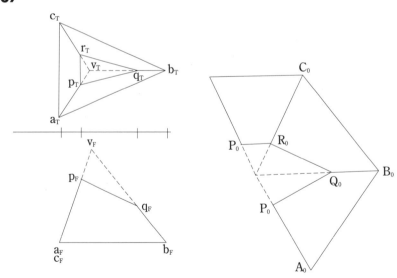

3-38

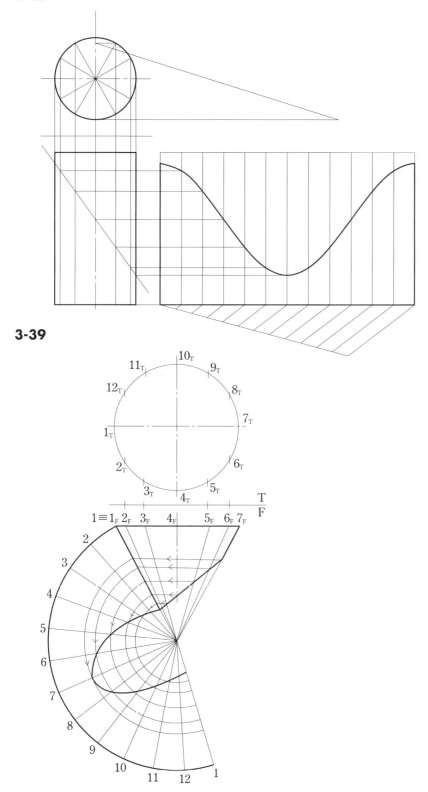

3-39

3-40 と **3-41** の解答は3章の本文に登場する「円環の展開」,「球の展開」の図を参照.

4-1

(1) A0, (2) A3, (3) 枠, 中心図, (4) 尺度, (5) 照合, (6) 1：1, (7) 0.35, (8) 1：2：4, (9) 薄肉部, (10) 破線, (11) 細い一点鎖線, 細い実線, 細い二点鎖線, 太い一点鎖線, 不規則な波形の細い実線又はジグザク線, (12) 7

4-2

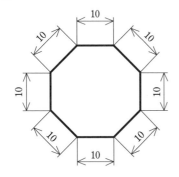

4-3

2.1 寸法線, 細い実線　2.2 寸法補助線, 細い実線　2.3 引出線, 細い実線　2.4 回転断面線, 細い実線　2.5 中心線, 細い一点鎖線　3.1 かくれ線, 細い破線又は太い破線　4.1 中心線, 細い一点鎖線　4.2 中心線, 細い一点鎖線　5.1 特殊指定線太い一点鎖線　6.1 想像線, 細い二点鎖線　6.3 想像線, 細い二点鎖線　7.1 破断線, 不規則な波形の細い実線又はジグザク線　8.1 切断線, 細い一点鎖線で端部及び方向の変わる部分を太くしたもの　9.1 ハッチング, 細い実線で規則的に並べたもの

4-4

半径	R	あーる
球の直径	$S\phi$	えすまる
球の半径	SR	えすあーる
正方形の辺	□	かく
板の厚さ	t	てぃー
円弧の長さ	⌒	えんこ
45°の面取り	C	しー
理論的に正確な寸法	▢	わく
参考寸法	（　）	かっこ

4-5

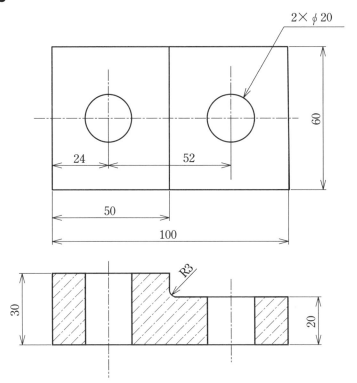

2× φ 20

4-6

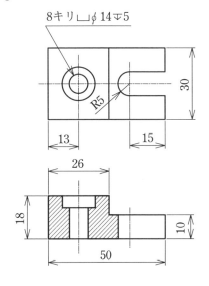

8キリ ⊔ φ 14 ▽ 5

4-7

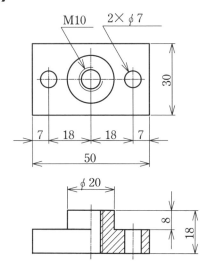

M10　　2× φ 7

4-8

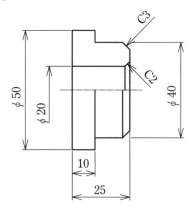

4-9

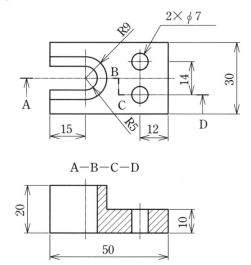

A−B−C−D

4-10 は省略

4-11

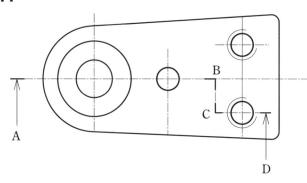

A−B−C−D

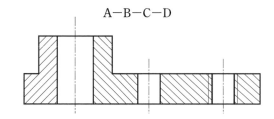

4-12

（1）

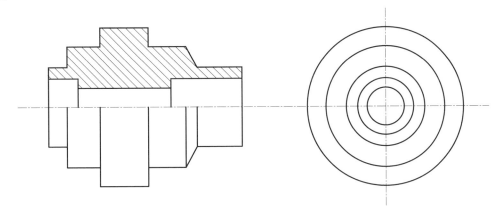

（2）

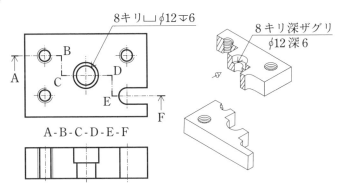

4-13

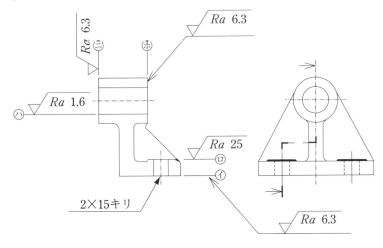

4-14

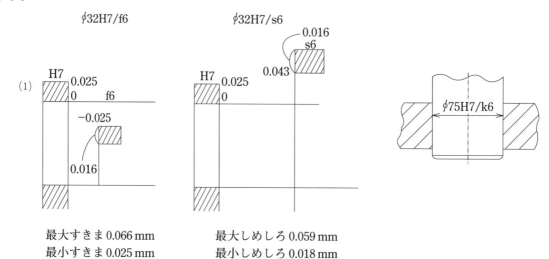

ϕ32H7/f6

(1)

H7   0.025
      0   f6

      −0.025

0.016

最大すきま 0.066 mm
最小すきま 0.025 mm

ϕ32H7/s6

0.016
s6

0.043

H7   0.025
      0

最大しめしろ 0.059 mm
最小しめしろ 0.018 mm

ϕ75H7/k6

4-15

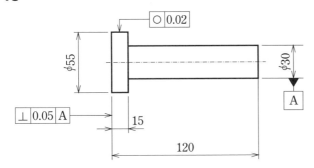

4-16

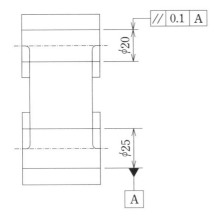

4-17

円筒度公差

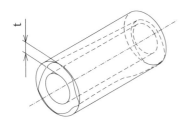

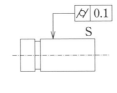

面Sを，0.1mm離れた2つの円筒面の間に指定．

平面度公差

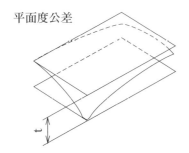

面Sを，0.08mm だけ離れた2つの平行な平面の間に指定．

	公差域の定義	指示方法および説明
真直度公差	公差域は，t だけ離れた平行二平面によって規制される．	円筒表面上の任意の実際の（再現した）母線は，0.1 だけ離れた平行二平面の間になければならない． ー 0.1
真直度公差	公差値の前に記号 φ を付記すると，公差域は直径 t の円筒によって規制される．	公差を適用する円筒の実際の（再現した）軸線は，直径 0.08 の円筒公差域の中になければならない． ー φ0.08
平面度公差	公差域は，距離 t だけ離れた平行二平面によって規制される．	実際の（再現した）表面は，0.08 だけ離れた平行二平面の間になければならない． ▱ 0.08
平行度公差	公差域は，距離 t だけ離れ，データム軸直線に平行な平行二平面によって規制される．	実際の（再現した）表面は，0.1 だけ離れ，データム軸直線 C に平行な平行二平面の間になければならない． // 0.1 C

	公差域の定義	指示方法および説明
直角度公差	公差域は，距離 t だけ離れ，データムに直角な平行二平面によって制限される．	実際の（再現した）表面は，0.08 だけ離れ，データム軸直線 A に直角な平行二平面の間になければならない． ⊥ 0.08 A
位置度公差	公差値に記号 φ が付けられた場合には，公差域は直径 t の円筒の中にある．その軸線は，データム C，A および B に関して理論的に正確な寸法によって位置付けられる．	実際の（再現した）軸線は，その穴の軸線は，データム平面 C，A および B に関してある位置にある直径 0.08 の円筒公差域の中になければならない． ⊕ 0.08 C A B 100 89 A B C
円筒振れ公差	公差域は，その軸線がデータム軸に一致する円筒軸にある t だけ離れた二つの円筒断面によって任意の半径方向で規制される．	データム軸直線 D に一致する円筒軸について，軸方向の実際の（再現した）線は，0.1 離れた，二つの円の間になければならない． ∕ 0.1 D

●著者紹介●

西原　一嘉（にしはら　かずよし）
大阪電気通信大学名誉教授
工学博士
学歴
1968 年 3 月　大阪大学工学部機械工学科卒業
1970 年 3 月　大阪大学大学院工学研究科機械工学専攻修士
　　　　　　　課程修了
1973 年 3 月　大阪大学大学院工学研究科機械工学専攻博士
　　　　　　　課程修了
1974 年 9 月　工学博士（大阪大学）
1975 年 4 月　大阪電気通信大学工学部精密工学科講師
1977 年 4 月　大阪電気通信大学工学部精密工学科助教授
1986 年 4 月　大阪電気通信大学工学部精密工学科教授
1996 年 4 月　大阪電気通信大学工学部知能機械工学科教授
2005 年 4 月　大阪電気通信大学工学部機械工学科教授
2012 年 4 月　大阪電気通信大学工学部機械工学科特任教授
2014 年 4 月　大阪電気通信大学名誉教授

西原　小百合（にしはら　さゆり）
博士（工学）
法学修士
学歴
1970 年 3 月　関西大学法学部法律学科卒業
1972 年 3 月　関西大学大学院法学研究科(公法学)修士課程修了
1972 年 3 月　法学修士（関西大学）
2000 年 4 月～2011 年 3 月　大阪電気通信大学工学部非常勤講師
2001 年 4 月～2017 年 3 月　大阪府立大学総合科学部非常勤
　　　　　　　講師
2011 年 3 月　博士（工学）（大阪電気通信大学）
2017 年 4 月～2019 年 3 月　大阪電気通信大学客員研究員

森　幸治（もり　こうじ）
大阪電気通信大学教授
博士（工学）
学歴
1981 年 3 月　大阪大学工学部機械工学科卒業
1983 年 3 月　大阪大学大学院工学研究科前期課程機械工学専攻修了
1983 年 4 月　新日本製鉄（株）入社
1988 年 2 月　大阪大学工学部機械工学科助手
1996 年 12 月　博士（工学）（大阪大学）
1998 年 4 月　大阪電気通信大学工学部知能機械工学科助教授
2001 年 4 月　大阪電気通信大学工学部機械工学科教授

宇田　豊（うだ　ゆたか）
大阪電気通信大学教授
工学博士
学歴
1977 年　京都大学工学部機械工学第二学科卒業
1980 年　京都大学大学院工学研究科精密工学専攻博士課程前期
1980 年 4 月～2006 年 3 月　日本光学工業株式会社
　　　　　　　（現　株式会社ニコン）
1995 年　東京都立科学技術大学大学院工学研究科工学システム
　　　　　　　専攻博士後期課程修了
2006 年 4 月　大阪電気通信大学工学部機械工学科教授

© Kazuyoshi Nishihara, Sayuri Nishihara, Koji Mori, Yutaka Uda 2020

改訂新版　基礎から学ぶ 図学と製図

2013年5月10日　　第1版第1刷発行
2020年3月31日　　改訂第1版第1刷発行

著　者　西　原　一　嘉
　　　　西　原　小百　合
　　　　森　　　幸　治
　　　　宇　田　　豊
発 行 者　田　中　久　喜

発　行　所
株式会社 電 気 書 院
ホームページ　www.denkishoin.co.jp
（振替口座　00190-5-18837）
〒101-0051　東京都千代田区神田神保町 1-3 ミヤタビル 2F
電話(03)5259-9160／FAX(03)5259-9162

印刷　創栄図書印刷株式会社
Printed in Japan／ISBN978-4-485-30114-2

• 落丁・乱丁の際は，送料弊社負担にてお取り替えいたします.